电力物联网
技术及应用

国网江苏省电力有限公司电力科学研究院　组编

张东霞　主编

中国水利水电出版社

www.waterpub.com.cn

·北京·

内 容 提 要

电力物联网通过应用现代信息技术，助力电力系统和电网企业的转型发展，在提高电网柔性和弹性、适应可再生化的大规模开发利用和新型用户的多元需求，激发电网企业发展活力、提高运营效率方面必将发挥重要作用。

为使广大的读者对电力物联网有全面的了解，本书从 5 方面进行介绍，第 1 章是绪论，介绍电力物联网的发展背景；第 2 章是电力物联网架构和技术体系，从感知层、网络层、平台层、应用层几个方面予以介绍；第 3 章是电力物联网关键支撑技术，概括介绍云计算、大数据、物联网、移动互联、人工智能和区块链的概念、技术及其主要作用；第 4 章是电力物联网主要应用，介绍营配贯通、配电物联网、虚拟电厂、车联网、智慧能源综合服务、智慧物联、输电线路在线监测等应用；第 5 章是典型案例，介绍了新能源云、智慧路灯等方面的工程实践以及一些综合性示范工程。

本书可供电力能源行业的从业人员使用，也可供电力能源和信息技术相关专业的师生参考，同时适用于任何对新技术和未来趋势感兴趣的读者。

图书在版编目（CIP）数据

电力物联网技术及应用 / 张东霞主编 ；国网江苏省电力有限公司电力科学研究院组编. -- 北京 ：中国水利水电出版社，2020.9
ISBN 978-7-5170-8824-0

Ⅰ．①电… Ⅱ．①张… ②国… Ⅲ．①电力工业－物联网－研究 Ⅳ．①F407.61

中国版本图书馆CIP数据核字(2020)第170389号

书　　名	电力物联网技术及应用 DIANLI WULIAN WANG JISHU JI YINGYONG	
作　　者	国网江苏省电力有限公司电力科学研究院　组编 张东霞　主编	
出版发行	中国水利水电出版社 （北京市海淀区玉渊潭南路 1 号 D 座　100038） 网址：www. waterpub. com. cn E - mail：sales@ waterpub. com. cn 电话：(010) 68367658（营销中心）	
经　　售	北京科水图书销售中心（零售） 电话：(010) 88383994、63202643、68545874 全国各地新华书店和相关出版物销售网点	
排　　版	中国水利水电出版社微机排版中心	
印　　刷	北京印匠彩色印刷有限公司	
规　　格	184mm×260mm　16 开本　9.25 印张　197 千字	
版　　次	2020 年 9 月第 1 版　2020 年 9 月第 1 次印刷	
印　　数	0001—2000 册	
定　　价	**98.00 元**	

本 书 编 委 会

主　　编：张东霞

副 主 编：孙　蓉　　何泽家

编　　委：郭经红　　何金陵　　赵训威　　许勇刚　　安春燕　　王春新
　　　　　李炳森　　王连忠　　张国翊　　王　劲　　周建勇　　张　捷
　　　　　郭　晶　　赵新冬　　唐　锦　　崔　林　　戴　威　　蔡　奕
　　　　　张　力　　卢　茜（排名不分先后）

组编单位：国网江苏省电力有限公司电力科学研究院

主编单位：国网江苏省电力有限公司电力科学研究院
　　　　　中能国研（北京）电力科学研究院

参编单位：中国电力科学研究院有限公司人工智能应用研究所
　　　　　全球能源互联网研究院有限公司
　　　　　国网江苏省电力有限公司信息通信分公司
　　　　　国网信息通信产业集团有限公司信通研究院
　　　　　国网信息通信产业集团有限公司数字化建设运营项目
　　　　　推进办公室
　　　　　北京智芯微电子科技有限公司
　　　　　国网思极网安（北京）科技有限公司
　　　　　中国南方电网电力调度控制中心
　　　　　广东省电信规划设计院有限公司
　　　　　深圳供电局有限公司
　　　　　四川中电启明星信息技术有限公司

前 言

　　能源革命与数字革命的融合是第四次工业革命的发展趋势和特征。电力物联网通过应用现代信息技术，助力电力系统和电网企业的转型发展，在提高电网柔性和弹性、适应可再生化的大规模开发利用和新型用户的多元需求，激发电网企业发展活力、提高运营效率方面必将发挥重要作用。

　　进入 2020 年，我国政府开始着手对"新基建"进行深入部署，"新基建"成为最炙手可热的概念。新基建是指以5G、物联网、工业互联网、卫星互联网为代表的通信网络基础设计，以人工智能、云计算、区块链等为代表的新技术基础设施，以数据中心、智能计算中心为代表的算力基础设施等，用以支撑传统基础设施转型升级。电力物联网和新基建倡导的发展理念一致，我们坚信在新的国家战略推动下，电力物联网将得快速发展，有着强劲的生命力，也必将有更好的未来。

　　建设电力物联网，可以利用物联网技术、5G 通信技术、电力无线网，打造电力设备基础信息采集平台，全方位、多维度快速接入电力系统各环节终端采集信息，全面实现电力设备及用户的实时状态感知，更敏捷地响应业务需求。建设电力物联网，可以利用云平台技术、大数据技术，充分处理多系统、多源数据，对多源、异构数据进行建模处理，为应用服务提供统一的数据平台支撑，形成"一体化联动"的能源互联网生态圈、"一站式服务"的智慧能源综合服务平台。建设电力物联网，可以利用移动互联网技术、人工智能技术，推动新应用服务或业务的快速上线，满足客户服务多样化的要求、提升客户体验个性化的需要，打造电力信息服务平台，满足政府、企业、居民等不同客户的差异化服务需求，在提升服务质量的同时吸引更多社会投资、更广泛的终端客户参与到能源互联网的建设中来。

为使广大的读者对电力物联网有全面的了解，受江苏电力公司委托，输配电协作网组织专家，完成了该书的编写工作。

本书分为5章，第1章是绪论，介绍电力物联网的发展背景；第2章是电力物联网架构和技术体系，从感知层、网络层、平台层、应用层几个方面予以介绍；第3章是电力物联网关键支撑技术，概括介绍云计算、大数据、物联网、移动互联、人工智能和区块链的概念、技术及其主要作用；第4章是电力物联网主要应用，介绍营配贯通、配电物联网、虚拟电厂、车联网、智慧能源综合服务、智慧物联、输电线路在线监测等应用；第5章是典型案例，介绍了新能源云、智慧路灯等方面的工程实践以及一些综合性示范工程。

为完成该书的编写，编者从多个渠道进行调研、收集资料，在此基础上进行了提炼和总结，以期读者能借助此书对电力物联网丰富的内涵、广泛的实践获得及时充分的了解。在本书汇编过程中，编者与参编单位在编写上不遗余力、精益求精，且来自北京国网信通埃森哲信息技术有限公司、北京中电飞华通信股份有限公司、北京国电通网络技术有限公司、安徽继远软件有限公司的李小山、贺金杭、王卫卫、姜燕、徐海青、李思维、韩永浩、李文昭等同志对本书的统编亦有积极贡献，在此一并致谢！

电力物联网的研究和建设仍处在快速发展中，书中所介绍的内容与不断演变的现实情况可能存在一定偏差，请读者谅解。

编者

2020 年 5 月

目 录

第 1 章

绪　　论

当前，数据革命与能源技术革命相融并进，数字技术成为引领能源电力技术及产业变革、实现创新驱动发展的原动力。世界各国纷纷采取措施，推动能源电力行业的数字化转型。应用先进的传感技术、大数据和人工智能技术、物联网技术，构建电力物联网，对实现电力系统智能化、推动电网公司发展转型，有重要的作用。本章将围绕电力系统和电网企业的发展需求，介绍电力物联网的背景和意义。

1.1　背景

1.1.1　电力系统的转型发展

1. 电力系统的发展历程

从电力系统一、二次系统发展及其相互的融合程度来看，电力系统已经历了两个发展阶段，正在进入第三阶段。第一阶段可用"发配电"来描述，第二阶段可用"电力系统及其自动化"描述，这两个阶段的特征从高校电力专业的名称上有所体现。第三阶段用"电力系统智能化"或"智能电网"来描述。

第一阶段（过去）的特征是：主要依靠一次系统完成发电、输配电任务，二次系统的应用程度较低，各级调度依靠电话通信实现。从电力系统的接入成分来看，发电侧仅接入火电、水电、核电等传统发电机组；从特性上看，电力系统的可观测性、可控制性均很低。

第二阶段（现在）的特征是：电力系统的自动化水平明显提升，调度自动化和配电自动化系统得到应用，发电侧传统发电占比仍很高，风电、光伏发电占比迅速增加。电力系统的可观测性、可控制性显著提高，电力电子技术，如柔性交流输电、直流输电等，获得一定程度的应用。

第三阶段（未来）的特征是：先进的信息通信技术（ICT）广泛应用，系统的

1

可观测性和可控制性大幅度提升，各种监测、量测、控制系统覆盖发电—输配电—用电各个环节，其中最为显著的特征是信息通信系统进入用户侧系统，通过部署智能电表和用户侧系统，实现用户系统的接入；发电侧风电、太阳能发电大规模接入电网，配用电系统中接入电动汽车充电设施；各种规模的储能系统获得应用。风电、光伏、直流系统、储能系统的大规模接入，使电力系统呈现明显的电力电子化特征。

电力系统发展的三个阶段可直观显示在图 1-1 中。

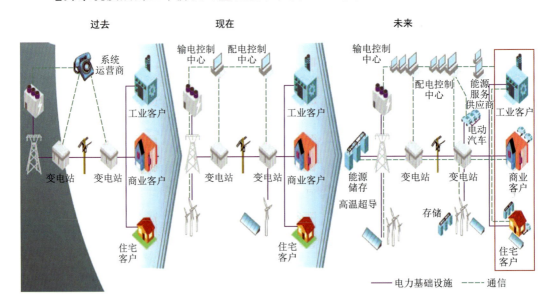

图 1-1　电力系统发展阶段

图来源：IEA smart grid roadmap. http：//www.iea.org/

2. 电力系统面临的挑战

电力系统面临的挑战表现为对电力系统的灵活性、安全性和开放性提出了更高的要求。

灵活性是指系统功率/负荷发生较快的变化、造成较大功率不平衡时，通过调整发电或电力消费保持可靠供电的能力。传统的电力系统中，功率的不平衡主要由负荷变化引起，随着新能源的快速发展，功率的不平衡更多由风力发电、光伏发电等间歇式能源发电功率引起。传统电力系统中，主要依靠电源的调节能力，跟踪负荷的变化。而在间歇式能源大规模并网的情况下，仅仅依靠发电侧的调节能力不能满足需求，不仅需要挖掘互联电网可提供的灵活性资源，更重要也切实可行的是挖掘用户侧的灵活性资源，也就是实施需求响应，此外，还需要加快储能技术的研究使之具有技术经济竞争性、尽快进入规模应用。为了提高系统的灵活性，需要部署用户侧系统、智能电表，集成配用电系统，在一定的市场和激励机制下，实施需求响应/自动需求响应。

间歇式能源、电动汽车、储能技术的大规模接入，以及需求响应的实施，会使系统的运行状态更加复杂多变，运行不确定性加剧；同时，电力电子化特征使系统的惯性变小；由此导致电力系统的安全稳定性面临更大安全风险。

随着电力市场化改革的不断深入和电力系统接入成分的多样化，使电力系统越来越开放。开放性既表现为电力系统和外部环境交互程度更高，气候、温度、政策、市场机制、用户喜好都对电力系统特性产生较大的影响；开放性还表现为电力系统的利益相关方增多，不同供货商提供的产品需要实现高度的集成，需要满足互操作要求，同时需考虑网络安全、隐私保护等问题。互操作是指两个或更多网络、系统、设备、应用或元件之间通信以及在不需要人工太多介入条件下有效、安全共同运行的能力。

3. 电力系统发展的必然趋势

为提高电力系统的灵活性、安全性和开放性要求，电力系统的构成和形态都将发生巨大变化。图 1-2 显示输电网和配电网接入的各种灵活源和非灵活源。灵活源用绿色表示，不可控源则用黄色表示。由图可看出，输电网和配电网连接着众多的不可控源和灵活源，通过对这些灵活源进行有效地观测和控制，才能实时跟踪不可控源的变化，以此保证电力和负荷的平衡。传统的电网不能满足上述发展需要，只有发展智能电网才能满足发展需要。智能电网是建立在集成的、高速通信网络技术上，应用先进的传感和测量技术、设备技术、控制方法以及决策支持技术，实现电网的可靠、安全、经济、高效、环境友好和使用安全的目标。因而，智能电网成为电力系统发展的必然选择。

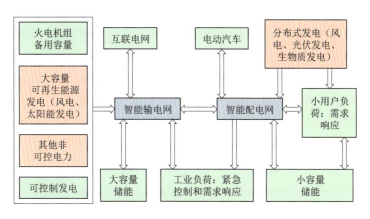

图 1-2 接入电网的灵活源和非灵活源

1.1.2 传统工业的转型发展

1. 工业化发展历程

人类已经经历了三次工业革命。每一次工业革命的发起，根本原因都是人类相对滞后的生产手段与不断扩大的生产需求之间的矛盾，每一次生产力的变革都是缓解这一矛盾的过程。第一次工业革命中蒸汽机的发明，解决了人力的效率低下和动能的不足问题，庞大的机械设备因此得以被驱动，人力也在很大程度上得到了解放。第二次工业革命的发生是为了解决规模化和生产成本之间的矛盾，在生产流程详细划分，以及生产活动、原料、部件和产品标准化的基础上，开创了产品批量生产的新模式，劳动力的效率得以实现最大化，工业产品开始作为日常消费品走进千家万户。第三次工业革命以控制技术和信息技术为代表，促进生产效率进一步提高，自动化设备取代了人的重复性劳动，加工精度和产品质量得到了革命性提升，生产的精细化和复杂程度得到提升，人与人之间的交流更加高效，运维和管理的成本得以降低，在进一步解放人的体力劳动的同时也代替了一部分脑力劳动。

2. 传统工业面临的转型压力

经过三次工业革命后，机械化、规模化、标准化、自动化和信息化已发展了一定程度，人类对生产力的新需求与现有生产手段之间又产生了新的矛盾，主要体现在：

（1）规模化与定制化之间的矛盾。本质上是需求的多样性和敏捷性与解决手段的单一性之间的矛盾，以及个性化服务与大众服务之间的矛盾，其核心是如何低成本的为不同的需求方提供相应的功能和服务。

（2）个性与共性之间的矛盾。本质上是由于一方面要解决大规模生产与定制化生产间巨大成本差异导致的矛盾，另一方面要解决设备和活动的多样性造成技术的普适性与实用性难以兼顾的矛盾，其核心是如何建立一套自生长的平台体系，在应用过程中能实现不断的自我更新。

（3）宏观与微观之间的矛盾。本质上是要让个体的活动目标与集体的活动目标相匹配，个体利益与集体利益之间实现协调统一，实现协同优化。

在这种背景下，人类迎来了第四次工业革命。简而言之，第四次工业革命是以智能化为核心的工业价值创造革命，要解决的问题包括：满足用户定制化需求的生产技术、复杂流程的管理、庞大数据的分析、决策过程的优化和行动的快速执行。

人类的三次工业革命都伴随着三次重要的能源转型，这一能源革命和工业革命又是结伴而来。低碳化、智能化、多元化的发展趋势，持续渗透到世界能源格局的每一个角落。我国大型能源企业敏锐地洞悉了能源企业变革的迫切，同时从互联网技术发展和工业互联网思潮倡导的"万物互联"和"共享共赢"理念中发现了机遇。电网企业作为传统能源企业，同样面临着转型发展的挑战和机遇。2015 年前后，在国家"互联网＋"战略和《关于进一步深化电力体制改革的若干意见》（中发〔2015〕9 号）文件的引导下，我国能源企业加快了转型的步伐。

1.1.3　先进信息通信技术（ICT）的发展

自 20 世纪 80 年代起，ICT 发展受到了广泛关注。进入 21 世纪，ICT 进入快速发展期，云计算、大数据、无线通信、互联网技术等爆炸式发展，对各行各业的技术发展产生了巨大影响。ICT 的广泛应用，使工业系统积累大量历史数据，获取大规模实时数据，与此同时，工业系统本身及管理系统越来越复杂，依靠人的经验和分析，已无法满足其管理和协同优化，大数据和人工智能作为重要的工具，可发挥重要作用，具体体现在：使原本隐性的问题，通过对数据的挖掘变得显性，进而使以往不可见的风险能够被避免；将大数据与先进的分析工具相结合，利用数据挖掘产生的信息为客户提供全生命周期的增值服务；利用数据寻找用户价值的缺口，开拓新的商业模式等。互联网平台则更好地弥补供给与需求的鸿沟，服务于技术与市场的对接。区块链技术则为数据安全、公平交易等提供了保障。

在以往的工业变革中，以硬实力为代表的技术概念成为价值创造的重要源泉，而这一次工业的变革价值源泉正在向软实力倾斜。硬实力通常表现为材料、机器、方法、测量、维护和建模；软实力则表现为连接（传感器、网络、物联网）、云、虚拟网络、数据来源和价值挖掘、社群（交互、分享、协同）和定制化。

ICT 的跨界融合不仅带动传统产业的技术提升，还创造出新的管理模式和商业模式，对社会经济和人民生活产生了巨大的影响。例如，互联网行业衍生了网络经济，电子商务代替了传统的商务模式。

1.2　意义

1.2.1　电力物联网对智能电网的支撑作用

智能电网技术涵盖电力系统规划设计、建设施工、运行控制和维护管理等各个方面，各国电力工业发展重点不同，有的国家以配用电运行和控制技术为重点，有的国家以接纳可再生能源为重点，我国智能电网覆盖发电、输电、变电、配电、用电、调度、信息通信各个技术领域。

智能电网面临的最大挑战来自可再生能源发电、电动汽车的并网给电网引起的复杂性和不确定性。为此，除了加强一次系统建设、优化电网结构，提高电网输送能力外，还需要应用先进的 ICT 技术，提升电网的监测、感知、预测和调控水平。配电自动化、调度自动化、风光发电和负荷的精准预测系统、用户用电信息采集系统、配电管理系统、输变电监测系统、需求响应，都是有效提高电网感知、监测、预测和调控水平的措施，但这些技术或系统，离不开先进的信息通信技术的支撑，与此同时，这些监测、控制系统的部署，时刻产生出海量的结构化、非结构化数据，因此对云计算、大数据、人工智能技术等技术提出了迫切需求。电力物联网正是应用各种先进的 ICT 技术，实现对电网广泛感知，实现数据深度融合，并支撑各类智能应用的系统。发展电力物联网，推动电网向能源互联网升级。以数字技术为传统电网赋能，不断提升电网的感知能力、互动水平、运行效率，有力支撑各种能源接入和综合利用，持续提高能源效率的同时保证电网安全运行。无疑，电力物联网可对智能电网的发展提供最全面、最强有力的支撑。

1.2.2　电力物联网赋能电网企业发展转型

集成"云大物移智"等先进 ICT 技术的电力物联网系统，为海量的数据资产支撑多样化的增值服务提供了可能。电力物联网可助力电网企业突破经营瓶颈，有利于加快技术创新和商业模式创新，改造提升传统业务，培育增长新功能和竞争新优势，为持续做强做优做大注入强劲动力。推进电力物联网建设，有利于电网企业发展，确保国有资产保值增值；也能够通过共建共享，促进关联企业、上下游企业、中小微企业共同发展，充分发挥央企引领带动作用；同时也有利于提升自主创新能力。

第 2 章

电力物联网架构和技术体系

2.1　电力物联网架构

　　电力物联网就是围绕电力系统各环节，充分应用移动互联、人工智能等现代信息技术、先进通信技术，实现电力系统各个环节万物互联、人机交互，具有状态全面感知、信息高效处理、应用便捷灵活特征的智慧服务系统。通俗的说，就是运用新一代信息技术，将电力用户及其设备、电网企业及其设备、发电企业及其设备、电工装备企业及其设备连接起来，通过信息广泛交互和充分共享，以数字化管理大幅提高能源生产、能源消费和相关装备制造的安全水平、质量水平、先进水平、效益效率水平❶。

　　电力物联网架构如图 2－1 所示，自下而上包括感知层、网络层、平台层和应用层❷。

　　（1）感知层实现终端接入，主要包括现场采集部件、智能业务终端、本地通信接入、边缘物联代理四个方面。感知层重点任务是统一终端标准，加强跨专业统筹，推动设备数字化改造、智能化升级，提高业务终端在线率和边缘智能水平。

　　（2）网络层实现网络全时空覆盖，主要包括接入网、骨干网、业务网、支撑网四个方面。网络层的重点任务是构建"空天地"协同一体化电力通信网，提高网络覆盖，增强网络带宽，提升网络资源调配能力。

　　（3）平台层实现平台开放共享，主要包括一体化"国网云"平台、全业务统一数据中心、物联管理中心、企业中台四个方面。平台层的重点任务是落实"一平台、一系统、多场景、微应用"信息化核心理念，通过"云雾协同"架构，提高数

---

❶ 《泛在电力物联网白皮书 2019》，国家电网有限公司，2019 年 9 月。

❷ 《泛在电力物联网建设大纲》，国家电网有限公司互联网部，2019 年 3 月。

据融通和高效处理能力，支持应用灵活构建。

（4）应用层驱动应用持续创新，主要包括对内业务、对外业务两个方面。应用层的重点任务是全面提升核心业务智慧化运营能力，积极打造能源互联网生态，促进管理提升和业务转型。

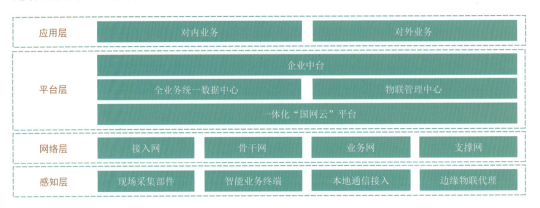

图 2-1　电力物联网架构

2.2　感知层

2.2.1　现场采集部件

现场采集部件主要为传感器。电网已应用数百种传感器及终端，涉及"电源侧—输电侧—变电侧—配电侧—用电侧—延伸侧"整个链条，采集多种环境量、状态量、电气量、行为量。目前电网中最常用的传感器大致分为三类：

（1）电压/电流信号监测传感器，包括基于线圈绕组式变压器原理的电压互感器（TV）/电流互感器（TA），以及新型的霍尔传感器、光纤和磁阻传感器等。

（2）电气量相关传感器，包括电磁、电场、局放、全电流、油色谱、油中溶解气体、油中微水等。

（3）非电量传感器，包括温度、湿度、压力、位移、角度、振动、加速度、舞动、称重、倾斜、微气象等。

2.2.2　智能业务终端

智能业务终端是指基于"国网芯"研发的平台化、智能化、APP 化的新型业务终端，例如新一代智能电能表、能源控制器、电能计量锁具等。

新一代智能电能表采用多芯模组化设计理念，计量芯与管理芯相对独立，同时配备上下行通信模块以及各类业务应用模块，非计量芯均可独立升级，各类业务应用模块灵活配置，在确保计量功能精准、可靠的前提下为未来所需要拓展的业务需求预留充分的空间。目前已经实现的扩展模块有居民用电负荷识别模块、电动汽车有序充电模块以及"多表集抄"模块。

能源控制器主要用于电动汽车有序充电、居民家庭智慧用能、商业楼宇等场景，基于边缘计算与云计算协同运行。能源控制器硬件上采用模块化的型式设计，软件上设计统一操作系统，实现操作系统与底层硬件和应用层软件的双向解耦。研发了高频数据采集、家庭居民智慧用能、电动汽车有序充电、停电故障主动上报等17个大类、38种功能设计。

电能计量锁具与智能、物联、安全属性与电力物联网内涵高度契合，物理设备层采用加密通信保障锁具通信及操作安全；系统平台层充分依托用电信息采集现有平台系统及硬件资源，实现智能锁具的智能操作和物联监测。电能计量锁具及其应用系统可为现场人员提供创新、便捷、智能服务，全面支撑客户侧电力物联网现场各项业务地有序开展。

2.2.3 本地通信接入

本地通信接入是指安全、可靠地实现传感器通信模块与边缘物联代理之间的通信。现有技术体制包括 LoRa、NB – IoT 等低功耗长距离无线通信技术，BLE、Zigbee 等短距离无线通信技术，以及电力线载波、微功率无线等针对营销数据采集设计的本地通信技术等。

2.2.4 边缘物联代理

边缘物联代理具备终端协议解析、数据采集、监控、数据存储、边缘计算、数据统计分析等功能，就近处理物联网设备生成的数据，从而减轻了网络带宽的负荷，用于满足电力物联网大规模接入和快速响应的需求。边缘物联代理能很好地满足电力物联网对终端接入能力、多样化业务承载能力、可实现功能和性能的灵活配置，具有集成度高、接口丰富、计算能力强、成本低廉等优势，是电力物联网的核心设备之一。

2.3 网络层

2.3.1 接入网

接入网是骨干网的延伸，提供配电与用电业务站点同电力骨干通信网络的连接，实现配用电业务站点与系统间的信息交互，具有业务承载和信息传送功能。终端通信接入网分为 10kV 通信接入网和 0.4kV 通信接入网两部分。

（1）10kV 通信接入网是指覆盖 10kV（或 20kV/6kV）配电网的开关站、配电室、环网单元、柱上开关、配电变压器、分布式能源站点、电动汽车充电站和

10kV（或 20kV/6kV）配电线路等的通信网络，主要承载配电自动化、配变监测等业务。10kV 通信接入网主要包括 EPON、工业以太网、无线专网、无线公网、中压电力线载波等通信技术。

（2）0.4kV 通信接入网是指覆盖 10kV（或 20kV/6kV）变压器的 0.4kV 出线至低压用户表计、电力营业网点、电动汽车充电桩和分布式电源等的通信网络，主要承载用电信息采集、用电营业服务、用户双向互动等业务。0.4kV 通信接入网主要包括低压电力线载波、微功率无线、RS-485/RS-232 串口通信等技术。

2.3.2　骨干网

骨干网以光纤通信为主，载波、微波、卫星通信为辅，分为省际、省级和地市三个层级。在骨干网覆盖和延伸能力不足的地区，可以租用运营商资源或与运营商资源置换。

（1）省际骨干网光缆以 OPGW 光缆（也称光纤复合架空地线）为主，主要随 500kV 及以上电网线路架设。通常采用同步数字体系（SDH）和光传送网（OTN）技术双平面结构，SDH 主要承载电力调度及生产实时控制业务，OTN 主要承载管理信息化、调度自动化等高带宽业务。

（2）省级骨干网光缆网架以 220kV 及以上电网为基础，以环形结构为主，部分地区逐步发展为网状网。省级骨干网以 SDH 技术为主，部分地区初步建成 SDH 和 OTN 技术双平面结构。

（3）地市骨干网光缆网架以 220kV、110（66）kV 及 35kV 电网为基础，以环形结构为主。以 SDH 网络为主，重点覆盖地市公司本部、县公司、地调直调厂站及地市公司直属单位。

2.3.3　业务网

业务网主要包括综合通信网、调度交换网、行政交换网和电视电话会议系统，承载语音、视频、数据等各类业务。

（1）综合数据网用来支撑 SG-ERP、OA 等信息系统业务，由总部、省级、地市综合数据网构成，对网络带宽需求大。

（2）调度交换网主要为人工调度员之间提供语音服务，以电路交换为主，主要覆盖五级调度管理机构、220kV 及以上变电站和电站。

（3）行政交换网主要为行政办公人员之间提供语音服务，原有技术体制为电路交换，现已逐步推广应用 IMS 交换技术。

（4）电视电话会议系统主要由硬视频系统、网络硬视频系统、软视频系统三部分组成，承载语音、视频等业务。

2.3.4　支撑网

支撑网的主要作用是满足电力通信系统安全稳定运行、资源调度、管理信息化的要求，保证数字网络传输及交换信号时钟同步，支撑运行监视和通信调度。包括同步网、网管网、通信应急等。

（1）同步网为全网设备时钟提供同步控制信号。以国网公司为例，同步网采用骨干同步网和省内同步网两层架构，其中骨干同步网按省划分为 27 个同步区，同步区内采用全同步方式，同步区之间采用准同步方式。

（2）网管网用于实现对骨干网、省级及以上业务网和支撑网、重点城市接入网的管理，按照总（分）部、省公司两级部署。

（3）通信应急是指加强应急通信物资储备，为地震等自然灾害救灾抢修、重大社会活动保电指挥、特高压工程现场管理等提供通信应急保障。

2.4 平台层

能源互联网信息架构平台层中最为核心的四个部分为业务中台和数据中台所组成的企业中台、物联管理平台、云平台及基础服务组件。

2.4.1 企业中台

企业中台是一种实现公司核心资源共享化、服务化的理念和模式，从管理视角上强调"企业级"，站在企业级视角，破除系统建设的"部门级"壁垒，将资源、系统和数据上升为"企业级"，建立公司信息系统建设"企业级"统筹建设机制；从技术视角上强调"服务化"，将企业共性的业务和数据进行服务化处理，沉淀至企业中台，形成灵活、强大的共享服务能力，以微服务技术为基础，供前端业务应用构建或数据分析直接调用。企业中台包括业务中台和数据中台，其架构如图 2-2 所示，业务中台主要是沉淀和聚合业务共性资源，实现业务资源的共享和复用；数据中台主要是汇聚企业全局数据资源，为前端应用提供统一的数据共享分析服务。

1. 业务中台

业务中台是将具有共性特征的业务沉淀形成企业级共享服务中心，又包括客户服务中台和电网资源业务中台。有了业务中台，各业务系统不再单独建设共性应用服务，直接调用业务中台服务，实现各业务前端应用快速构建和迭代。业务中台建设是一个逐渐积累、不断丰富的过程，需要持续迭代开展。从管理上看，是跳出单业务条线并站在企业全局开展公司信息系统"企业级"统筹建设，沉淀共性业务能力，实现以客户为中心的快速迭代与创新。从技术和数据角度看，是站在企业整体视角对跨多业务领域、核心、共性、标准、稳态的可共享业务对象、业务数据和业务活动沉淀形成的一系列业务处理服务，是在处理域实现的企业级共享服务中心。

（1）客户服务业务中台是公司企业级中台的重要组成，旨在聚合公司客户侧资源，实现营销、交易、产业、金融等多业务板块间资源共享、交叉赋能，牵引各板

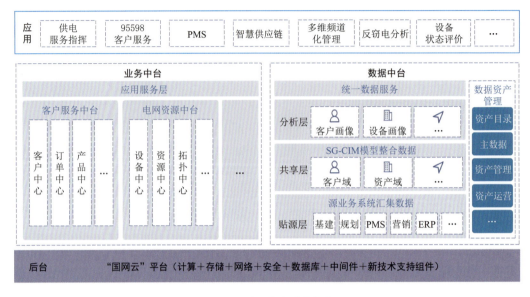

图 2-2　企业中台总体架构

块业务快速发展；融合跨专业流程，将共性业务沉淀形成客户中心、订单中心、服务中心等共享服务，支撑营销客户服务、综合能源服务、产业金融等前端业务的快速响应、灵活构建，面向客户打造具有互联网生态特征的业务群。

（2）电网资源业务中台主要是整合分散在各专业的电网设备、拓扑等数据，对输、变、配、用"物理一张网"进行数字建模，构建基于 SG-CIM 电网统一信息模型的"电网一张图"，融合数据中台"数据一个源"，将共性业务沉淀形成电网设备资源管理、资产（实物）管理、拓扑分析等共享服务，形成以电网拓扑为核心的"一图、多层、多态"的一站式共享服务，支撑调度、运检、营销等"业务一条线"，实现规划、建设、运行多态图形一源维护与应用。

2. 数据中台

数据中台是聚合跨域数据，对数据进行清洗、转换、整合，沉淀共性数据服务能力，以快速响应业务需求，支撑数据融通共享、分析挖掘、数据资产运营。数据中台是在全业务统一数据中心管理域和分析域的基础上，进一步提升数据接入整合、共享分析、资源管理等能力构建而成，主要包括贴源层、共享层、分析层、统一数据服务、数据资产管理、数据安全管理等。通过数据中台实现数据"接存管用"全过程管理，形成数据业务化、业务数据化的动态反馈闭环，创造业务价值。

数据中台定位于为各专业提供数据共享和分析应用服务，以全业务统一数据中心为基础，根据数据共享和分析应用的需求，沉淀共性数据服务能力，通过数据服务满足横向跨专业间、纵向不同层级间数据共享、分析挖掘和融通需求，支撑前端应用和业务中台服务构建。

2.4.2 物联管理平台

物联管理平台实现对各型边缘物联代理、采集（控制）终端等设备的统一在线管理和远程运维，主要包括设备管理、连接管理、应用管理、模型管理、数据处理等功能，并通过开放接口向企业中台、业务系统等提供标准化数据。物联管理平台部署架构如图2-3所示。

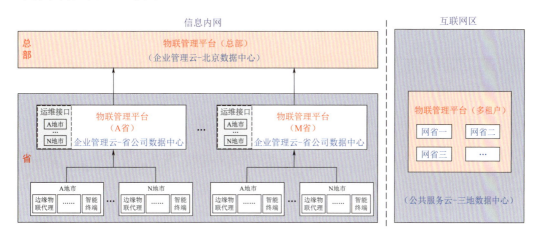

图2-3 物联管理平台部署架构

物联管理平台采用"成熟产品＋定制开发"技术路线，基于成熟、可靠的产品和组件，结合电力行业特性开展定制化开发。

互联网企业物联管理平台功能相对完整、可靠性相对较高，但需结合电力行业特性与超大规模体量、复杂网络管理与运维要求，在边缘计算框架、设备管理、应用管理、模型管理、安全管理、兼容验证、协议适配、系统集成等方面进行定制化与适配性开发。

2.4.3 云平台

云平台包括基础设施服务、平台层服务、持续构建、平台支撑、平台运营、统一云管和安全服务等内容。

1. 基础设施服务

基础设施服务（IaaS）是整个云平台的"底座"，提供通用的资源管理、资源调度和资源交付功能。其主要内容包括计算服务、存储服务和网络服务。

（1）计算服务为各类平台和业务应用提供计算资源，包括裸服务器、虚拟机、容器等通用计算资源服务，并实现计算资源的弹性伸缩；提供高性能计算集群、图形处理器（GPU）服务器、现场可编程逻辑门阵列（FPGA）服务器等服务，以实现对高性能计算、人工智能等场景的支持；实现对存量虚拟化环境的纳管接入，实现存量资源池的利旧管理。

（2）存储服务为数据中台、物联管理平台等平台和各类业务应用提供存储资源，包括分布式文件系统、块存储、对象存储、文件存储、备份等服务；实现对集中存储的统一纳管接入；提供数据迁移上云服务。

（3）网络服务为各类平台和业务应用提供网络资源，包括虚拟网络、虚拟路由器、虚拟防火墙、负载均衡、网络地址转（NAT）网关、域名等服务，以实现软件定义网络；提供互联网协议第 6 版（IPv6）支持；提供内容分发网络服务。

2. 平台层服务

平台层服务（PaaS）为各类业务应用提供通用软件类支撑。

（1）中间件服务提供应用通用运行环境或运行框架，包括云应用中间件、分布式服务总线、分布式事务、消息队列等服务。

（2）数据库服务提供各类数据存储服务，包括关系型数据库、分布式关系型数据库、时序数据库、内存数据库、文档数据库、图数据库、列式数据库、缓存等服务。

（3）人工智能服务提供人工智能算法训练平台和通用算法库，支撑基于场景的人工智能算法设计、训练、发布和调用管理；提供语音识别、语义分析、图像识别、人脸识别等通用服务。

3. 持续构造

持续构建提供覆盖应用开发、测试、交付等全生命周期过程支持，支撑持续集成与持续部署，实现开发运行一体化（Devops），包括开发平台、自动集成、自动化测试、自动化发布、云研发协同等服务。

4. 平台支撑

平台支撑实现对电网云平台及所承载的业务应用的监控和运维能力，包括配置管理、统一日志服务、资源监控、服务监控、业务监控、调用链监控、事件处理等服务。

5. 平台运营

平台运营实现建立电网云平台的运营门户，统一用户使用电网云的服务入口，包括服务目录、账户管理、服务开通、计量计费、租户管理、资源编排、容量规划、服务等级协议（SLA）配置、配额管理等功能。

6. 统一云管

统一云管实现对部署在不同地域的云进行统一管理及跨域的资源调配，包括管理员入口、资源视图、跨域资源调度等功能。

7. 安全服务

安全服务按照满足国家及电网公司相关要求构建，在电网云规划建设过程中同步落实云安全防护策略，实现对电网云平台及所承载业务应用的安全防护，通过主机安全、虚拟网络安全、边界安全、访问控制、日志审计、密码服务、安全基线、态势感知等能力，构建可控云安全防护体系，保障能源互联网各类业务和数据安全稳定运行。

2.4.4 基础服务组件

基础服务组件包括电网地理信息系统（GIS）组件、视频流服务组件、数字身份服务组件与移动平台门户组件等内容。

1. 电网 GIS 组件

电网 GIS 组件是构建在电网云之上的企业级公共服务平台。平台为公司提供统一地图服务和电网资源的结构化管理服务，通过二三维技术实现企业数字资源可视化，基于统一技术体系支撑公司各类业务应用对地图、位置服务、可视化数据资源管理需求。平台通过组件和应用框架实现基础地理信息数据和电网资源数据的服务发布，分别构建"统一地图服务""电网 GIS 服务"支撑电网资源维护管理、电网资源可视化、基础地图服务三类业务应用。平台统一纳管了电网资源空间数据、拓扑数据及基础地理资源数据，支撑了 8 个业务部门的 40 套业务应用。

2. 视频流服务组件

视频流服务组件定位为公司级视频图像公共服务能力支撑组件，目标为提升公司视频图像数据整合汇聚、价值挖掘及共享应用能力。组件可通过内网、专网、互联网等方式接入前端视频采集设备，并提供桌面、大屏、移动多端展示能力，具备视频调阅、录像回放、图像采集、音视频互动、设备管理、平台管理、设备运维管理、存储管理、告警管理、告警联动等应用功能，支持通过典型应用控件、应用程序接口（API）等形式面向业务应用提供视频服务。

3. 数字身份服务组件

数字身份服务组件是面向电网内、外部用户及用电企业，在开展线上与线下数字化业务时，提供身份识别、认证与鉴权、数据加密与保护、电子签名与签章等服务能力，它不仅是一个技术平台，而且是以"身份安全"为核心构建的一套运营服务组织，对内提升能力，对外培育生态，通过持续的能力输出，助力公司构建能源行业的行业级身份服务体系。

4. 移动平台门户组件

移动平台门户组件是内外网移动应用汇聚的统一平台，为员工提供统一的移动门户入口，拥有即时通信、应用商店、统一待办和新闻资讯等核心组件，为各部门、各专项活动提供宣传互动的渠道，承载通用办公、各业务域移动应用和基础增值服务，为应用提供统一安全防护、统一管控和统一评价的体系，推进办公、作业移动化，提高工作效率，是公司"大平台、微应用"的典型实践。

2.5 应用层

2.5.1 电网运行

聚焦提升电网规划、建设、检修等环节的生产安全及精益高效，重点包括深化营配贯通支撑、网上电网、同期线损管理基建全过程综合数字化管理、电网资产统一身份编码管理、安全生产风险管控、抽水蓄能全业务一体化管理等方面的应用。

1. 营配贯通优化提升

营配贯通优化提升重在推动营销、配电、调控等专业间的纵向贯通和横向融合，提高营配贯通数据质量、提升营配业务协同应用水平，实现"数据一个源、电网一张图、业务一条线"，提升电网公司供电服务能力与客户服务水平。深化基于营配贯通的业务应用，持续开展营配业务贯通相关信息系统的流程优化、智能化改造和数据质量治理，健全营配统一数据模型与维护标准，优化营配业务端到端业务逻辑，实现数据的同源维护，完善营配数据稽查及评价体系，开展营配贯通数据质量分析评价，实现基础数据自动核查、问题精准定位、治理快速有效，以全面深化应用促数据贯通。

2. 网上电网

网上电网以科学引领智能电网规划发展为目标，融汇电力物联网数据，建设图数一体、在线交互、人工智能的可视化应用平台，创新网上管理、图上作业、线上服务的电网发展业务模式，率先实现发展全业务网上作业。通过网上电网基础应用、项目前期专业应用、统计管理专业应用、移动应用等建设，支撑网上规划设计、网上项目管控、网上计划投资、网上统计分析、网上评价考核、网上协同服务落地。

3. 同期线损管理

同期线损管理通过电量源头同期采集、同期线损（率）自动生成、业务全方位贯通、指标全过程监控，推进线损管理标准化、智能化和精益化，支撑电网科学发展与经营管理提升。以线损专项治理应用为抓手，以面向基层线损管理微应用、电量预测与校核、配网理论线损分析、供电所线损管理评比体系支撑应用、断面线损计算、基于同期线损计算结果的设备综合评价应用等为驱动，提高异常排查效率，促进线损治理，辅助电网规划，进一步挖掘系统数据价值。

4. 基建全过程综合数字化管理

基建全过程综合数字化管理应用"大云物移智"等现代信息技术，打造基建数字化工作平台，挖掘基建数据价值，推动电网建设高质量发展，实现基建业务标准统一、专业融通、协同共享、智能支撑；深化三维设计成果应用、进度可视化管控、现场安全智能管控、质量管理动态追踪、技术成果管理等专业应用，推进电网基建业务应用的数字化、智能化转型。

5. 电网资产统一身份编码管理

电网资产统一身份编码管理为电网公司实物资产设备给予唯一、终身不变的身份编码，贯穿电网设备资产全寿命周期各阶段，实现设备信息的关联共享。电网资产统一身份编码的信息化建设工作，贯通电网资产全寿命周期各阶段的项目编码、WBS编码、物料编码、设备编码、资产编码等各类专业编码，解决前端项目物资信息难以与后端设备资产信息追溯与共享的问题，提高业务处理时效性，实现资产在规划设计、采购建设、运行维护和退役报废各阶段全流程贯通，提升公司资产精益化管理水平。

6. 安全生产风险管控

安全生产风险管控主要包括安全风险全景感知、作业安全智能化管控、安全工器具全流程管理、安全生产大数据分析。安全风险全景感知实现电网运行、基建施工、直属产业、网络安全等各类风险预警的流程化管控，支撑建立责任全覆盖、管理全方位、监督全过程的风险管理体系，提高各类安全生产风险感知能力；作业安全智能化管控实现设备、基建、营销、信息通信等各专业作业计划的全面管理；安全工器具全流程管理：通过射频识别（RFID）、地理定位等技术，实时监督安全工器具的调配使用、领用出库、作业状态、归还入库等情况；安全生产大数据分析是汇总整合各专业作业计划、人员信息、外包安全资信、事故事件、隐患、违章、缺陷、漏洞等数据信息，分析安全规律，提高数据价值挖掘能力，为公司安全管理提供决策支撑。

7. 抽水蓄能全业务一体化管理

抽水蓄能全业务一体化管理以抽水蓄能水电设备状态评价为核心，开展抽蓄电站相关信息模型扩充、全业务一体化应用、设备状态评价、坝群集中监测，构建抽水蓄能全业务一体化平台，增强总部对抽蓄电站全过程业务管控能力，提升抽蓄电站设备状态评价等业务应用水平和安全生产管理水平，形成抽水蓄能业务管理大数据资产。

2.5.2　优质服务

聚焦提升客户便捷性和获得感，主要包括电力营销 2.0、综合能源服务、新一代电力交易平台等方面的应用。

1. 电力营销 2.0

电力营销 2.0 建设客户中心、工单中心、支付中心、计费中心、账单中心等业务能力中心，融合财务、金融、供应商和合作伙伴用户资源，实现业务解耦和应用解耦，支撑营销传统业务、公用事业新型业务、源网荷储协同业务和互联网生态圈业务开展，形成服务交互能力，推动能源服务生态构建；实现与设备、调度、发展、财务、物资、交易等专业的业务协同和数据共享；支撑业务数据化与数据价值挖掘应用，实现业务融通、应用协同、数据共享，促进精准营销、精准投资、精益管理、增值服务、风险防控；支撑新兴与传统业务"一网通办"业务开展，为能源电商、能源金融等业务充分赋能。

2. 综合能源服务

综合能源服务整合智慧车联网、新能源云网、电商平台、企业能效服务共享平台等平台资源，形成综合能源服务业务统一入口，助力构建公司综合能源服务生态体系，带动综合能源服务产业快速发展。省级智慧能源服务平台面向楼宇型、园区级及社区级等各类综合能源场景，建设综合能源集群接入云平台，实现楼宇级、社区级和园区级综合能源系统的快速接入，开展用能分析、能效诊断、负荷预测、用能账单、设备代运维、购售电技术支持等特色化服务，提供面向用户的能源综合服务全面托管，促进能源综合服务业务拓展。

3. 新一代电力交易平台

新一代电力交易平台为市场成员建设多种交互方式的统一入口，以两级平台方式支撑省间市场和省内市场交易运营，能够统筹省间交易与省内交易、中长期交易与现货交易、市场交易与电网运营，提供可再生能源消纳能力，实现全市场形态的"统一市场，两级运作"，全面支撑电力交易全业务在线运行。

2.5.3　管理精益

聚焦业务协同和数据共享，重点包括人资2.0、多维精益管理、新一代电费结算体系、现代（智慧）供应链、数字化审计、公司融媒体云、后勤智能保障管理等方面的应用。

1. 人资2.0

人资2.0以组织体系创新、"放管服"改革和人力资源"三项制度"转型变革需求为导向，以"服务全员、数据智慧"为主线，科学设计一体化、智能化、契约化的人力资源信息化框架体系。构建人物互联、人人互联的人力资源数据服务新生态，为管理决策提供智能、价值支持，为员工提供一站式服务，与其他专业横向贯通融合，具有柔性开放、高效协同、智能共享、互联互通等特点。

2. 多维精益管理

多维精益管理包括基于业财深度融合的精益管理、基于企业全价值链的精益管理和基于企业数字化运营的精益管理。基于业财深度融合的精益化管理，通过贯通业财流程和信息交互链路，实现业财信息多视角、频道化分析展示。基于企业全价值链的精益管理，推进价值细化管理到每一个员工、每一台设备、每一个客户、每一项工作，在信息标准化的基础上，实现信息采集和加工自动化、智能化，全面支撑精准绩效考核和业务管理决策。基于企业数字化运营的精益管理，通过建设灵活互动、智慧共享的数字化运营支撑平台，围绕价值创造，深化数据应用，助推资源精准配置，全面支撑公司战略目标实现。

3. 新一代电费结算体系

新一代电费结算体系为适应电力市场建设要求，维护电力交易各方的合法权益和社会公众利益，确保电力市场安全、经济、绿色，落实公司电费结算主体责任，指导、规范、明确电力市场结算相关工作开展，建设高效便捷的电费结算应用，满足电力市场合约电费、现货电费、辅助服务等电费的清分计算，实现对各类市场主体的电费结算，为电力市场主体提供安全、快捷、高效的电费清分结算服务。

4. 现代（智慧）供应链

现代（智慧）供应链是以智能采购、数字物流、全景质控三大业务链为核心，内外高效协同、智慧运营。

（1）智能采购，公司两级招投标活动智能提报采购计划，网上招标投标，量化打分、智能评标、自动授标，采购结果一键生成，避免人为干预。

（2）数字物流，采购结果自动公示，网上回传至合同模块，双方互动完成物资合同签订、履约与结算，物流仓储可视跟踪，供需双方实时对接。

（3）全景质控，应用设备身份码 ID，从采购源头抓起，设备生产、监造、抽检、试验，以及到货、安装、运行、报废全生命周期质量信息，可视跟踪、全程在案。

（4）内外高效协同，通过平台集成、移动互联等方式，实现内部跨专业数据融通，外部跨领域资源共享，构建和谐共赢的供应链生态圈。

（5）智慧运营，搭建共享"资源池"，构建全网资源智能调配、全局实时监控、风险自动感知的供应链运营中心，推动供应链高效运营。

5. 数字化审计

数字化审计是落实"进一步完善内控机制，发挥审计协同监督作用，防范重点领域风险"的管理要求，进一步发挥数字化对审计工作的价值，推动源端业务管理规范，提升企业经营绩效，促进数字化技术与审计业务深度融合，通过广泛开展跨业务、跨单位、跨年度的大数据审计，充分发挥审计效能，促进公司治理体系和治理能力现代化。数字化审计分为审计门户、审计管理域、审计作业域和审计基础数据域。审计门户主要作为数字化审计平台的统一入口和成果展示平台。审计管理域主要包括决策分析、成果应用、项目管理、整改管理、日常管理、资源绩效、知识管理七个模块。审计作业域主要为审计人员提供了一个平台和多种手段，使审计人员可以依托审计基础数据域的数据支持，完成远程数字化审计的工作。审计基础数据域以全业务统一数据中心数据为基础，以审计业务库数据为补充，在省公司全业务统一数据中心建设审计基础数据平台。采用流式数据处理思路，审计业务随需采集全业务统一数据中心业务数据和审计业务库数据，降低资源占用，提升数据应用效能。

6. 公司融媒体云

公司融媒体云全面对接公司媒体、行业媒体、社会媒体，实现全媒体传播，并统一归档到媒体大数据库，与总部融媒体云实现业务贯通、数据共享，整体实现公司新闻宣传的全方位覆盖、全天候延伸、多领域拓展，推动公司声音直接进入用户终端。

7. 后勤智能保障管理

后勤智能保障管理充分应用移动互联、人工智能等现代信息技术、先进通信技术，创新工作理念、优化机制流程、改进方式手段，建立数据驱动的新时代后勤管理机制与服务保障模式，打造具有数据融合化、业务管理集约化、全域应用智能化特征的后勤智能保障。后勤智能保障主要包含业务管理中心、服务保障中心、物业监控中心、智慧决策中心四大中心。业务管理中心定位于服务后勤管理人员，主要通过物联技术，实现后勤资产互联互通、统一管理，实现后勤业务全域覆盖、全程可控、全景可视。服务保障中心定位服务于公司内部员工，是"全流程、全场景、体验好、精度高"互动式保障中心，通过打造"指尖上"的后勤微服务，增强员工的幸福感和获得感。物业监控中心定位服务于物业人员，是后勤物业服务的全面监控及运营分析中心，主要提升物业服务数字化管理和楼宇智能化管理水平。智慧决策中心定位服务于后勤管理决策人员，是后勤业务的智能化辅助决策中心，面向后勤项目、房地资源、后勤管理与资产运营、后勤安全运行、服务保障，探索性开展分析、预测、优化等工作。

2.5.4　新兴业务

聚焦公司业务拓展与创新探索，充分发挥公司电网基础设施、客户、数据、品牌等独特优势资源，大力培育和发展新能源云、多站融合发展、虚拟电厂运营、智慧车联网平台等新兴业务。

1. 新能源云

新能源云规范工作标准和业务流程，建立"横向协同，纵向贯通"和"全环节、全贯通、全覆盖、全生态、全场景"的新能源管理体系。应用"大云物移智链"、边缘计算、云雾协同等先进信息通信技术，围绕新能源规划、前期、配套电网建设、并网、运行、市场交易、补贴转付等全环节，建设环境承载力、电源用户平台、公司内部管理平台、消纳能力计算平台、新技术平台等 11 个模块。对内承载六项业务功能（情况总览、过程管理、消纳分析、政策分析、先进技术）、对外形成六大服务（建站并网、金融交易、运行监测、运维检修、数据服务、厂商服务），为政府、公司、供应商、能源用户等提供一站式全流程服务。

2. 多站融合发展

多站融合发展遵循"少花钱多办事，不大兴大建"，"先分散示范，再集中运营"的原则，坚持将投资回报和是否具备商业模式、盈利能力作为主要衡量标准，强化精准投入和精益管理，统筹规划、试点先行、总结推广、规模发展。一是因地因站因需，有序启动第一批试点建设，在建设、运营、运维、商业模式、政策法规等方面制定实施路径并开展试点验证；二是总结试点经验，形成融合标准和典型设计；三是加强合作，构建多站融合生态体系。

3. 虚拟电厂运营

虚拟电厂是聚合优化"源—网—荷"清洁发展的新一代智能控制技术和互动商业模式。该技术模式，能够在传统电网物理架构上，依托互联网和现代信息通讯技术，把分布式电源、储能、负荷等分散在电网的各类资源相聚合，进行协同优化运行控制和市场交易，实现电源侧的多能互补、负荷侧的灵活互动，对电网提供调峰、调频、备用等辅助服务，为分布式清洁能源高效利用提供了可行方案。

虚拟电厂建设核心在于统筹区域内各类分散主体，将其整合成为具有单一电厂控制特征的发电个体，满足接受电网统一调度、参与电力市场的运营需求。其内部以小型常规发电、新能源发电、储能设备、移动电源、可控负荷及其他可控设备为组合成员，以电网现存海量传感器和数据为基础，以电力物联网、大数据和人工智能为技术依托，以源网荷储优化协调为技术核心，将各类资源聚合为一个整体，实现技术性虚拟电厂功能，为商业性运营创造条件。

4. 智慧车联网平台

智慧车联网平台按照"云平台＋微应用"思路，构建多个公共能力中心、多个应用群及能力开放平台，打造以车联网服务平台为核心、具有强大产业竞争力的生态系统。智慧车联网平台深化应用包括智慧出行服务系统、"新零售"服务系统、车船一体化平台岸电云网和充电运营服务 4 个方面。

第 3 章

电力物联网关键支撑技术

3.1 云计算

云计算是网络应用的一种新模式，将海量、分散的信息数据资源进行统一管理和调度，把硬件设备、软件平台、系统、存储等广义的计算资源进行物理或逻辑集中，形成统一的软硬件计算资源池，相对于独立的计算机或服务器能够提供更为强大的存储空间和计算能力。

云计算的目标主要包括两个方面，一是对资源（包括计算资源、网络资源、存储资源等）的有效管理，将资源通过信息技术实现虚拟化，形成不受时间、空间约束的资源池，可以根据需要按需分配和使用；二是将通用（或部分专用）软件（如数据库、运营环境等）进行标准化和封装，通过软件的云化部署，实现对应用的弹性管理和自动部署。

云计算可以为电网的生产、经营、管理等提供更加柔性、便捷、经济、安全、可靠的信息化支撑平台，有效提高资源的利用效率，增强全局信息处理能力，提升公司集约化管理水平。

3.1.1 云计算架构

3.1.1.1 基本架构

云计算架构一般划分为基础设备即服务（Infrastructure as a Service，IaaS）层、平台即服务（Platform as a Service，PaaS）层、软件即服务（Software as a Service，SaaS）层三部分。

（1）IaaS 层主要包括计算机、服务器、通信设备、存储设备等，按需提供计算、存储、网络通信等服务。IaaS 通过虚拟化技术将计算设备、存储设备、网络设备分别虚拟化为资源池中的计算资源、存储资源和网络资源。当用户订购资源时，管理者直接将订购的资源提供给用户，从而实现基础设备即服务。

（2）PaaS层定位于通过互联网将服务器平台或者开发环境作为服务进行提供。PaaS由专门的平台服务提供商搭建和运营一个基础平台，并将该平台以服务的方式提供给应用系统运营商。通过PaaS，用户可以获得了大量的有具体业务逻辑的可编程元素，为开发带来了极大的方便，能够提高开发效率，节约开发成本。

（3）SaaS层是一种通过互联网提供软件服务的软件应用模式，为用户搭建信息化所需要的所有网络基础设施及软件、硬件运作平台，并负责所有前期的实施、后期的维护等一系列服务，用户不需要花费大量投资用于硬件、软件和开发团队的建设，通过互联网就能获取相应的服务。

3.1.1.2　云的分类

随着云计算的发展，衍生出了不同类型的云模式，其中主要包括公有云、私有云和混合云。

1. 公有云

公有云通常为第三方通过开放网络提供的云共享服务资源，如阿里云、腾讯云、华为云等，用户能够访问和共享基本的计算机基础设施（如硬件、存储和带宽等资源）。公有云作为一个支撑平台，能够整合上游的服务（如增值业务、广告等）提供者和下游最终用户，打造新的价值链和生态系统。

公有云的优点是用户无需自行部署和维护云计算基础设施，客户只需为所使用的资源支付相应费用；缺点是由于公共访问属性，存在用户敏感数据泄漏的风险，大量共享使用还将造成服务质量的下降。

2. 私有云

私有云是为一个用户单独使用而构建的云服务模式，如VMWare、OpenStack等。私有云在数据安全性以及服务质量上可以得到有效地管控，用户拥有基础设施，并可以控制在此基础设施上部署应用程序。私有云可以部署在用户数据中心的防火墙内，也可以部署在一个安全的主机托管场所，与用户内部的监控系统、资产管理系统等相关系统进行关联，从而更有利于内部系统的集成管理。

私有云的优点是能够为数据保护提供更高的安全性，但缺点是部署及维护成本较高。同时，私有云的高度安全性可能会使得远程访问变得困难。

3. 混合云

混合云是公有云和私有云两种服务方式的结合，综合数据安全性及资源共享性，将核心业务及数据放在私有云上，次要的放在公有云上。

混合云的优点是允许用户利用公共云和私有云的优势，在保障数据安全的同时具有成本效益，用户可以根据需要决定使用哪种云计算资源。但混合云的缺点是不同的云平台、数据和应用程序的组合，增加了部署、维护和保护的难度。

3.1.2　云计算关键技术

3.1.2.1　虚拟化技术

云计算的核心技术之一就是虚拟化技术。传统的互联网技术无法实现软件应用与硬件设备的分离，两者之间存在较强的依赖关系，而云计算虚拟化技术，面向整个互联网架构的资源、网络、应用单元，打破硬件配置、软件部署和数据分布的界限，把硬件设备、软件应用、数据等隔离开来，通过抽象、转换，形成逻辑上的虚拟资源。虚拟化技术包括将单个资源划分成多个虚拟资源的裂分模式，也包括将多个资源整合成一个虚拟资源的聚合模式。

云计算虚拟化技术的意义并不仅局限于提高资源利用率和降低成本，更是提供强大的计算能力。虚拟化技术可以整合大量分散的、没有得到充分利用的计算能力，实现全网资源统一管理、调度和使用，从而提高存储、传输、运算等多个计算方面效率。

3.1.2.2　分布式并行编程技术

分布式并行编程技术是云计算的基础技术。面向任务的数据分发、海量数据并行计算、故障点有效处理等工作，都需要大量的程序分析和设计工作，在编程技术上，主要以分布式并行编程技术作为支持。

分布式计算是将计算资源通过网络相互链接与通信后，把需要进行大量计算的工程数据分区成小块，由多个计算资源分别计算，再上传运算结果后统一合并得出数据结论。分布式计算比起其他算法具有稀有资源共享、计算负载平衡的优点。

并行计算指同时使用多种计算资源，通过时间并行（流水线技术）和/或空间并行（使用多个处理器执行并发计算）来解决计算问题的过程，其主要目的是快速解决大型且复杂的计算问题。

云计算所采用的分布式计算模式，在编程技术上是以分布式并行编程技术作为支持，并发处理、容错、数据分布、负载均衡等细节都被抽象到各函数库中，通过统一接口，用户大尺度的计算任务被自动并发和分布执行，将任务自动分成多个子任务并行进行处理。

Google 的 MapReduce 是当前云计算主流的分布式并行编程模式之一，它将任务自动分成多个子任务，先通过 Map 程序将数据切割成不相关的区块并分配（调度）给大量计算机处理以达到分布式运算的效果，再通过 Reduce 程序将结果汇整输出。

3.1.2.3　海量数据存储及管理

实现海量数据的存储是用户使用云计算技术的主要目标之一。传统的数据存储模式是依赖计算机的配套设备数据库来实现数据的高效存储，建设成本较大，且不利于对数据的维护与管理。分布式海量数据存储技术在一定程度上扩充了数据的存储空间，降低了建设成本，提高资源利用率，还能实现数据的异空间备份，提升数据存储安全，降低数据丢失、损坏等情况所导致的风险。

对于数据，不仅要实现安全高效存储，还应实现有效管理，确保能够充分发挥其应用价值。云计算需要对分布的、海量的数据进行处理和分析，数据管理技术需要能够高效地管理这些数据。与传统的数据管理技术所不同的是，在管理过程中，如何从规模巨大的分布式数据中实现数据的快速更新、精确检索、高效处理，是云计算数据管理技术所必须解决的问题。

Google 的 BigTable 数据管理技术和 Hadoop 团队开发的开源数据管理模块 HBase 是业界比较典型的大规模数据管理技术。BigTable 数据管理技术把数据作为对象进行处理，形成表格用于分布存储大规模结构化数据；开源数据管理模块 HBase 定位于分布式、面向列的开源数据库，适合于非结构化数据存储的数据库。

3.1.2.4 边缘计算

边缘计算指的是在靠近数据源或网络边缘侧，融合网络、计算、存储、应用核心能力，就近提供边缘智能服务的开放平台。在快速连接、业务实时、数据融合、智能应用、安全隐私保护等方面，边缘计算能够提供满足行业所需的智能服务。与云计算相比较，边缘计算就近布置，在更靠近终端的网络边缘上提供服务，因而可以理解为云计算的下沉。边缘计算主要聚焦在计算、存储、信息安全和隐私保护等方面。

1. 计算

边缘计算是以减少网络传输数据量、提升系统整体性能为目的，将海量边缘设备采集或产生的数据进行部分或全部计算或预处理操作，进而降低传输的带宽，保证系统性能。边缘计算在能耗、边缘设备计算延时和传输数据量等指标之间寻找最优的平衡。

2. 存储

在泛在物联网中，终端数据具有更高的时效性、多样性、关联性，边缘计算在数据连续存储和预处理方面具有较高的实时性需求，高效存储和不间断访问的实时数据是边缘计算存储需要重点关注的问题。一方面，高密度、低能耗、低时延以及高速读写的非易失存储介质将会大规模的部署在边缘设备当中；另一方面，采用分布式存储、分级存储和查询优化的数据库架构，将支撑实时数据的快速写入和访问，以及持久化、多维度的聚合查询。

3. 信息安全和隐私保护

边缘计算设备通常部署于用户侧或传输链路上，被入侵的风险比云计算方式更高，此外，边缘计算节点的分布式和异构化，也会导致隐私泄漏等一系列新问题。为保证边缘计算的信息安全和隐私保护问题，可通过密码学、访问控制策略等传统安全方案对边缘计算节点进行防护，也可基于可信执行进行安全防护。

3.1.2.5 边云协同

边缘计算的发展与应用并不意味着彻底抛弃云计算，云计算与边缘计算是一种协同融合的关系。云计算注重非实时和长周期数据的大数据分析，边缘计算注重实时和短周期数据处理以满足本地业务的实时性需求。因此，两者之间的协作模式可以是由云计算基于大数据分析优化输出业务规则，并传递到边缘侧，再由边缘计算节点基于优化的业务规则进行智能处理和执行。边缘计算节点与云平台之间应实现资源协同、数据协同、智能协同、应用及业务管理协同、服务协同。

1. 资源协同

边缘计算节点提供计算、存储、网络等可虚拟化的基础设施资源，一方面可以实现本地资源的调度与管理，另一方面可以与云平台协同，接受并执行云平台对设备、资源、网络调度管理策略。

2. 数据协同

边缘计算节点与云平台的数据协同，支持数据在边缘侧与云平台之间有序、可控流动，形成完整的数据流，对数据进行生命周期管理与价值挖掘。边缘计算节点主要实现现场及终端数据的采集，对数据进行初步处理与分析，并将处理结果及相关数据上传至云平台；云平台提供海量数据的存储、分析与挖掘。

3. 智能协同

边缘计算节点按照人工智能模型执行推理、处理、分析，实现分布式智能；云平台开展人工智能的集中式模型训练，并将模型下发至边缘计算节点，在边缘计算节点处理能力受限的情况下，提升边缘计算节点智能化水平。

4. 应用及业务管理协同

边缘计算节点提供应用部署与运行环境，并对本节点多个应用的生命周期进行管理调度，云平台主要提供应用开发、测试环境以及应用的生命周期管理能力。边缘计算节点提供模块化、微服务化的应用实例，云平台主要提供按照客户需求实现业务编排能力。

5. 服务协同

边缘计算节点按照云平台策略实现部分边缘计算，通过边缘计算 SaaS 与云平台 SaaS 的协同实现面向客户的按需 SaaS；云平台主要提供 SaaS 在云平台和边缘计算中心的服务分布策略以及云平台承担的 SaaS 服务能力。

3.2　大数据

3.2.1　基本概念

大数据最初被提出时是指无法在一定时间范围内用常规软件工具进行捕捉、管理和处理的数据集合，通常认为大数据具有"3V"特征，也有专家认为具有"5V"特征。"3V"是指 Volume，Velocity，Variety，另外两个"V"是 Veracity 和 Value。Volume 是指数据规模大；Velocity 是指数据量增长快，也指需要快速设置实时性数据处理分析方法；Variety 是指数据多源异构，不仅来自不同的数据源，且数据类型、格式均有不同；Veracity 指数据的可信性；Value 是指数据包含的业务价值。由于并不是每个应用面对的数据都完全具有"3V"特征，所以需要解决问题的重点有所不同，有时重点解决速度、实时性要求，有时需要解决非结构化数据问题。目前，"大数据"不仅指上述的数据集，还指大数据技术（Big data technologies）和大数据分析（Big data analytics）。

3.2.2 大数据在电力物联网中的作用

大数据是推动电力物联网建设中的支撑技术之一。电力物联网建设中，通过广泛的感知和互联，中台对数据的聚集和融合，形成了大数据。在支撑电网业务方面，应用大数据技术，可提高风、光等新能源发电预测、负荷预测的准确性，准确评估用户参与需求响应的潜力和有效激励措施，提高电网接纳新能源的能力；应用大数据技术，可识别影响大电网安全稳定性和配电网供电可靠性的薄弱环节；应用大数据技术，可了解用户用电特性，提供更好的节能服务；应用大数据技术，可对庞大的电网资产进行健康评估、尽早发现缺陷、实施预防性检修，可提高电网安全性和经济性。在支撑电网企业转型、扩展业务方面，大数据也是重要的创新技术和力量。在新能源迅速发展、电力改革不断深化、互联网等新技术发展的内外部因素影响下，电网企业和电网自身都在发生着深刻的变革，例如，我国国家电网公司已明确定位自己为能源互联网企业，宣称在提供安全、可靠、高质量电力的同时，还将为社会提供综合能源服务。能源互联网更具开放性，天气、用户用能喜好、政策机制都对其发展和运营产生显著影响，借助大数据技术，可对能源互联网实时运行数据和历史数据进行深层挖掘分析，帮助各方更透彻地了解上下游的行为和变化，掌握能源互联网的发展和运行规律，优化结构，实现对能源互联网运行状态的全局掌控，提高能源互联网的安全性和可靠性。能源服务不仅包括建设能源互联网、综合能源系统，还包括售电服务、节能服务、设备运营托管等，这些服务都离不开大数据的支撑。基于大数据分析，可以充分了解服务对象的社会心理，在参与者社会心理分析中，充分考虑地域、气候、收入、受教育程度、居住环境等各种影响因素；可分析不同政策机制对各类用户产生的心理和行为影响，为政府制定政策，为引导各方参与、形成合理的能源互联网商业模式提供参考依据。

3.2.3 电力物联网的大数据技术体系

电力物联网的大数据技术体系包括数据采集和预处理、数据融合、数据存储、数据处理、数据分析、数据可视化、数据隐私保护和数据安全等方面的技术。大数据技术体系如图 3-1 所示。

1. 数据采集和预处理

电力系统的大数据既包括历史数据，也包括实时数据，有时还需要为研究而生

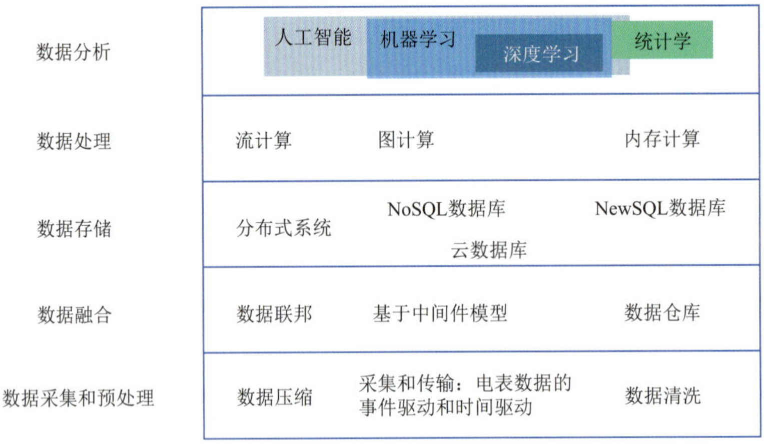

数据分析	人工智能	机器学习	深度学习	统计学
数据处理	流计算	图计算		内存计算
数据存储	分布式系统	NoSQL数据库 云数据库		NewSQL数据库
数据融合	数据联邦	基于中间件模型		数据仓库
数据采集和预处理	数据压缩	采集和传输：电表数据的 事件驱动和时间驱动		数据清洗

图 3-1　大数据技术体系

成数据，如生成需要的场景。数据的获取，来自各种信息采集系统和传感器系统。电力物联网的发展，增加了数据的获取方式和数量。数据的采集不仅与采集方式有关，换需要考虑通信系统的性能。以智能电表数据为例，需考虑数据采集器到集中器、数据集中器到数据中心的通信信道；而在考虑应用时，还将对数据的采集方式（时间驱动、事件驱动）以及采集密度提出要求。再以天气预报数据为例，为准确预测某个光伏电站或风机的功率，需将地理上稀疏的天气预报数据降尺度为密集的本地化数据。为了减轻通信系统的压力，需采用边缘计算技术或分布式处理技术，此外，为传输到云中心或云平台，需采用数据压缩方法。数据压缩方法很多，与数据类型和应用场景的需求有关，从大类上分，可分为无损压缩和有损压缩。有损压缩方法允许损失一定的信息，虽然不能完全恢复原始数据，但要求所损失的部分对数据应用效果不产生不可容忍的影响。专家认为，电力系统大数据的压缩技术远不如图像、文字、视频的压缩技术成熟。而且，智能电网大数据的压缩没有普适性，需要针对具体数据和具体应用开展针对性研究。在智能电网大数据研究中，奇异值分解压缩法、匹配追踪分解方法、高斯原子词典等均被用于数据压缩。

获取的数据难免存在缺失、不一致、噪声、错误、冗余，为此，需要对数据进行降维和清洗。数据降维方法分为线性降维和非线性降维。线性降维方法有主成分分析法（Principal Component Analysis，PCA）、线性判别分析（Linear Discriminant Analysis，LDA）等；非线性降维分为核方法、二维化和张量化、流形学习三类，其中流形学习又包含等距映射（ISOMap）、局部线性嵌入（Locally Linear Embedding，LLE）、局部保留投影（Locality Preserving Projections，LPP）等方法。目前的智能电网大数据研究工作中，常用到主成分分析方法、基于张量的数据降维法。

大数据来源于各个监测、计量系统，一方面由于系统本身的缺陷导致数据存在缺失、错误等问题；另一方面，还需要考虑恶意攻击导致的假数据。数据的质量有时会影响到数据价值的体现，识别假数据、提高数据质量，是大数据分析中重要的一环。数据清理从数据的准确性、完整性、一致性、唯一性、适时性、有效性几个方面，利用有关技术如数理统计、数据挖掘或预定义的清理规则，处理数据的丢失值、越界值、不一致代码、重复数据等问题，将"脏数据"转换为满足数据分析质量要求的数据。复杂事件处理（CEP）方法、深度神经网络、支持向量机、朴素贝叶斯算法、决策树和随机森林等机器学习方法都被应用到智能电网大数据的数据清洗、假数据识别中。

2. 数据融合

电力物联网中的大数据应用场景众多，而且存在信息孤岛问题。在大数据应用研究中首先面临的问题就是数据集成的问题。鉴于数据融合往往能产生"1+1＞2"的价值，数据融合成为大数据体系中占据非常重要的位置。但由于不同的系统通常是独立开发的，不同源数据存在数据模型不统一、时空不一致等原因，数据的融合变得非常困难，成为大数据应用开发中花费时间最多的一个环节。

数据融合方式是多样的，由于应用业务的特点不同，在数据融合时需要结合具体业务制定数据融合方案。目前通常采用的数据融合方式包括数据联邦、基于中间件模型和数据仓库等。在电力物联网应用中，数据中台、各种云平台，起到了数据融合作用，营配融通装置也起到了从数据采集端达到数据融合的作用。

数据联邦提供了一种从数据使用者（应用）角度看的数据集成视图，数据逻辑看上去存在一个位置，但实际的物理位置却分布在多个数据源中。该方式适用于对数据安全性要求较高、实时数据访问和数据变化频率较大的情况，但会增加数据源服务器的负载，当数据结果集较大时性能会降低，同时对于数据可用性要求较高的应用，由于依赖于多个数据源，数据联邦会存在一定的局限性。

中间件方法通过统一的全局数据模型来访问异构的各类数据源。中间件位于异构数据源系统和上层应用之间，它向下协调各数据源系统，向上为访问集成数据的应用提供统一数据模式和数据访问的通用接口。这种方式的关键问题是如何构造这个逻辑视图并使得不同数据源之间能映射到这个中间层。就智能电网大数据而言，主要是基于国际电工委员会提出的公共信息模型（IEC CIM）、变电端配置描述语言（Substation Configuration description Language，SCL）、国家电网公司提出的公共信息模型（SG CIM）、数值天气预报（NWP）数据模型等多项国内外行业标准，建立中间件智能电网统一数据模型（SGDM），该模型可作为数据整合蓝图，绘制来自割裂分离的系统源数据之间的关系，为用户提供更加便捷准确的访问路线。

数据仓库在另一个层面上表达数据之间的共享，它主要是为了针对企业某个应用领域提出的一种数据集成方法。当集成的系统很大时，对实际开发将带来巨大的困难。在用数据仓库做数据集成时，主要通过 ETL 来实现。ETL 指抽取（Extract）、转换（Transform）、加载（Load）。数据抽取是从初始数据源系统抽取目标数据源系统需要的数据；数据转换是将初始数据源获取的数据按照业务需求，转换成目标数据源要求的形式，并对错误、不一致的数据进行清洗和加工。数据加载将转换后的数据装载到目标数据源。

3. 数据存储

电力大数据的数据量巨大，放在单一机器上集中存储、集中处理，往往是不可能的，以分布式存储为基础，采用内存计算、分布计算，并将云计算和雾计算结构相结合，都是必要的技术措施。有研究者针对智能家居，提出了可扩展的基于云的架构和原型系统。另有研究者，针对电表数据，采用雾计算架构，将将传感、数据存储、数据处理设备和分布式控制系统纳入到单个电表中。

大数据存储和管理发展过程中出现了如下几类大数据存储方式：分布式系统、NoSQL 数据库（泛指非关系型数据库，Not only SQL）、云数据库、NewSQL 数据库（各种新的可扩展/高性能数据库的简称）。

（1）分布式系统包含多个自主的处理单元，通过计算机网络互连来协作完成分配的任务，其分而治之的策略能够更好地适应大规模数据的存储和处理。目前最为典型的应用场景就是通过扩展和封装 Hadoop 来实现对互联网大数据存储、分析的支撑。

（2）鉴于关系型数据库无法满足海量数据的管理需求、数据高并发的需求、高可扩展性和高可用性要求，NoSQL 被更多采用。其优势在于：可以支持超大规模数据存储，灵活的数据模型可以很好地支持 Web 2.0 应用，具有强大的横向扩展能力等，典型的 NoSQL 数据库包含以下几种：键值数据库、列族数据库、文档数据库和图形数据库。

（3）云数据库是基于云计算技术发展的一种共享基础架构的方法，是部署和虚拟化在云计算环境中的数据库。云数据库并非一种全新的数据库技术，而只是以服务的方式提供数据库功能。

（4）NewSQL 数据库采用了不同的设计，它取消了耗费资源的缓冲池，摒弃了单线程服务的锁机制，通过使用冗余机器来实现复制和故障恢复，取代原有的昂贵的恢复操作。NewSQL 主要包括两类系统：①拥有关系型数据库产品和服务，并将关系模型的好处带到分布式架构上；②提高关系数据库的性能，使之达到不用考虑水平扩展问题的程度。

为支持智能电网大数据的实时分析，有研究者提出采用 KVBTree 存储结构，支持中间形成的数据的快速查询、插入和遍历数据，可以自动聚合中间结果。

4. 数据处理

电力大数据数据处理的问题复杂多样，一种计算处理模式难以满足所有的大数据需求。大数据的应用类型很多，从数据存储与处理相互关系的角度来看，主要的大数据处理模式可以分为流处理、批处理，二者可以结合使用。批处理是先存储后处理，而流处理是直接处理。根据大数据的数据特征和计算需求，数据处理方法还包括内存计算、图计算、迭代计算等。

（1）批处理非常适合需要访问全套记录才能完成的计算工作。无论直接从持久存储设备处理数据集，或首先将数据集载入内存，批处理系统在设计过程中就充分考虑了数据的量，可提供充足的处理资源。由于批处理在应对大量持久数据方面的表现极为出色，因此经常被用于对历史数据进行分析。Apache Hadoop 是一种专用于批处理的处理框架。Hadoop 是首个在开源社区获得极大关注的大数据框架，让大规模批处理技术变得更易用。Hadoop 的处理功能来自 MapReduce 引擎，可与 HDFS 或 YARN 资源管理器配合，实现数据批处理。

（2）流处理非常适合用来处理必须对变动或峰值做出响应，并且关注一段时间内变化趋势的数据。Apache Storm 是一种侧重于极低延迟的流处理框架，也许是要求近实时处理的工作负载的最佳选择。在互操作性方面，Storm 可与 Hadoop 的 YARN 资源管理器进行集成，因此可以很方便地融入现有 Hadoop 部署。除了支持大部分处理框架，Storm 还可支持多种语言，为用户的拓扑定义提供了更多选择。Apache Samza 是一种与 Apache Kafka 消息系统紧密绑定的流处理框架，Samza 可使用 YARN 作为资源管理器。Samza 提供的高级抽象使其在很多方面比 Storm 等系统提供的基元（Primitive）更易于配合使用。但目前 Samza 只支持 JVM 语言，这意味着它在语言支持方面不如 Storm 灵活。

一些处理框架可同时处理批处理和流处理工作负载，当前主要是由 Spark 和 Flink 实现。Apache Spark 是一种包含流处理能力的下一代批处理框架。与 Hadoop 的 MapReduce 引擎基于各种相同原则开发而来的 Spark 主要侧重于通过完善的内存计算和处理优化机制加快批处理工作负载的运行速度；Spark 可作为独立集群部署（需要相应存储层的配合），或可与 Hadoop 集成并取代 MapReduce 引擎。流处理能力是由 Spark Streaming 实现，Spark Streaming 会以亚秒级增量对流进行缓冲，随后这些缓冲会作为小规模的固定数据集进行批处理。这种方式的实际效果非常好，但相比真正的流处理框架在性能方面依然存在不足。Flink 能很好地与其他组件配合使用。如果配合 Hadoop 堆栈使用，该技术可以很好地融入整个环境，在任何时候都只占用必要的资源。该技术可轻松地与 YARN、HDFS 和 Kafka 集成。在兼容包的帮助下，Flink 还可以运行为其他处理框架，例如 Hadoop 和 Storm 编写的任务。

电力大数据应用根据业务特点和对处理时间的要求，来选择数据处理的方式，针对电网运行监控、电网安全在线分析等业务，由于数据实时性要求高、需要做出迅速响应，可以采用流处理、内存计算；而对于用户用电行为分析等业务，实时性和响应时间要求低，可以采用批处理方式。

5. 数据分析

数据分析是大数据处理的核心，大数据的价值产生于数据分析。由于大数据的海量、复杂多样、变化快等特性，大数据环境下的传统小数据的数据分析算法很多已不再适用，需要采用新的数据分析方法或对现有数据分析方法进行改进。数据分析的常用方法包括：统计分析、数据挖掘、机器学习、人工智能。

统计分析是基于统计理论，是应用数学的一个分支。在统计理论里，以概率论建立随机性和不确定性的数据模型。统计分析可以为大型数据集提供两种服务：描述和推断。描述性的统计分析可以概括或描写数据的集合，而推断性统计分析可以用来绘制推论过程。更复杂的多元统计分析技术有：多重回归分析（简称回归分析）、判别分析、聚类分析、主元分析、对应分析、因子分析、典型相关分析、多元方差分析等。大数据不仅表现在数据量大，更表现为维数高，大维统计理论中的随机矩阵理论，在智能电网大数据分析中表现出很强的能力。

数据挖掘主要有分类、回归分析、关联分析、聚类分析、异常检测和汇总等。电气和电子工程师协会国际数据挖掘会议（IEEE International Conference on Data Mining，IEEE ICDM）曾评选出十个最具影响力的数据挖掘算法，包括：分类决策树算法（C4.5）、K 均值（K - Means）聚类算法、支持向量机（Support Vector Machine，SVM）、布尔关联规则频繁项集算法（Apriori）、最大期望值算法（Expectation Maximization，EM）、网页排名算法（PageRank）、提升算法（Adaboost）、K 近邻算法（K Nearest Neighbors，KNN）、朴素贝叶斯算法（Naïve Bayes，NB）和分类回归树算法（Classification and Regression Tree，CART）。

机器学习大体上可分为监督学习、无监督学习和强化学习。监督学习中属于分类的学习方法主要有：K 近邻、决策树、贝叶斯分类器、集成学习、隐马尔科夫模型；回归类算法包括神经网络、高斯过程回归。无监督学习中属于聚类的算法有自组织映射、层级聚类、聚类分析；属于规则学习的有关联规则学习。强化学习强调如何基于环境行动，以取得最大化的预期利益，其灵感来源于心理学中的行为主义理论，即有机体如何在环境的奖励或惩罚刺激下，逐步形成对刺激的预期，产生能最大化利益的习惯性行为，强化学习中有多种不同的方法，最常用的是 Q 学习方法（Q - learning）和梯度策略方法（Policy Gradients）。

为了从大数据中获得更准确、更深层次的知识，需要提升对数据的理解、推理、发现和决策能力。交互式可视化分析、深度学习、深度强化学习等新的数据分析方法也正在成为大数据的分析方法。

近年来开展的智能电网大数据研究中，K 均值聚类算法应用最为广泛，可单独使用，用于识别相位、识别故障类型，更多地和其他方法结合，进行负荷特性聚类，为更深度的分析奠定基础。支持向量机、朴素贝叶斯算法、分类决策树算法、神经网络等也被广泛应用到系统稳定性分析、设备状态评估中。随着电力系统数据规模的增大，人工智能方法如深度学习、深度强化学习等也被应用到智能电网数据分析中。

在电力大数据应用研发中，需结合数据情况和应用需求，选择合适的数据分析方法。很多情况下，通用的算法并不可直接应用，需根据具体情况做改进。另外，对大数据应用而言，某一种数据分析方法并不能完全胜任，需要将聚类、关联以及其他方法结合起来使用。

6. 数据可视化

数据可视化是利用图形图像处理、计算机视觉及用户界面，对数据加以可视化解释的高级技术方法。其目的是围绕一个主题，在保证信息传递准确、高效的前提下，以新颖美观的方式，将复杂高维的数据投射到低维度的画面上。根据技术原理，数据可视化方法可以划分为基于几何的技术、面向像素的技术、基于图标的技术、基于层次的技术、基于图像的技术以及分布式技术；参照数据的不同类型，数据可视化技术可以分为文本可视化、网络（图）可视化、时空数据可视化、多维数据可视化等。

大数据时代，数据往往是海量、高维、复杂关联的，传统的可视化方法无法满足大数据可视化的实时性和人机交互高频性要求。大数据可视化可以通过有效融合计算机的大规模计算能力和人的认知能力，基于人机交互实时计算和可视化展示数据，获得大规模复杂数据集隐含的信息。

可视化是电力大数据分析中不可或缺的重要一环，一方面，可视化可用于分析电力大数据中隐含地负载时空关联特性，另一方面，可视化也是分析结果的最终直观展示。例如：加州大学洛杉矶分校（University of California Los Angeles，UCLA）的学者基于电力数据、土地使用数据以及人口统计数据等大数据，利用数据可视化等分析技术发布了一张洛杉矶市块区层级的交互式用电量地图，非常直观地展示出不同建筑在不同季节的能耗，使得能源效率、能源投资以及公共政策的决策等变得更为透明。电网拓扑图、GIS和Echart等地图是智能电网大数据可视化中应用最多的软件系统，停电管理、负荷预测、发电预测、设备管理、安全稳定分析等，最终均需要展示在地理图或拓扑图上。

7. 数据隐私保护和数据安全

认证和访问控制是大数据环境下行之有效的数据安全保障方法。智能电网大数据主要从安全认证、访问控制、完整性验证和物理隔离等方面实现数据安全与保护。

对智能电网而言，隐私保护的重点在于保护电力用户侧个人隐私。随着智能电表的大规模部署，个人隐私泄露等问题受到了高度关注。隐私保护技术主要包括基于数据失真的技术、基于数据加密的技术和基于限制发布的技术。基于数据失真的技术通过添加噪声等方法，使敏感数据失真但可以保持某些统计方面的性质。基于数据加密的技术是指采用加密技术在数据挖掘过程中隐藏敏感数据的方法，包括安全多方计算和分布式匿名化。基于限制发布的技术是指有选择地发布原始数据、不发布或者发布精度低级的敏感数据。

3.2.4 电力物联网中的大数据应用

电力物联网业务分为电网业务和拓展性新业务。电网业务以营配业务贯通为重点，提升电网的运营水平和用户服务水平。电网应用业务中，停电管理、非侵入式负荷分解、三相不平衡治理、线损分析和治理、电网精益化管理，均应用到大数据技术。在这些领域国内外都开展了研究，一些成果已经应用到实际中。

在美国，C3-Energy（C3能源公司）与 PG&E（太平洋燃气电力公司）合作，在电压优化、资产管理、故障检测、停电恢复，太阳能电池和储能电池的并网，用户侧需求分析、负荷预测、收入保护、用户分类、防窃电等智能电网技术领域研发了大数据处理和分析系统。其中一个典型应用是通过数据分析了解用户的消费模式，借此电力公司帮助用户减少电费支出；另一个应用是停电恢复。以前，PG&E依靠用户电话来评估停电的范围，现在停电告知和恢复供电的进展情况可以通过智能电表跟踪，并进行远程修复。过去，电力公司发现某个电表停止读数，将不得不派出修理车，现在可通过网络发送一个固件远程恢复供电。

EDF（法国电力公司）利用电表数据进行非侵入式负荷分解，根据负荷的使用时间、负荷量、持续使用时间的稳态特征，启动过程的瞬时特征等，分析用户负荷构成。

澳大利亚负责墨尔本西北地区 $950km^2$ 配电业务的 JEN（Jemena Electrical Network），在智能电表非计量功能上做了大量研究和运用，开发的典型应用有停电管理、基于阻抗测量的状态评估和用户相位识别。JEN 将停电管理系统与智能电表系统（AMI：Advanced Metering System）进行贯通。在派遣工作人员赴现场处理故障前，利用智能电表和停电管理系统数据综合分析判断故障地点、性质、范围，加快了响应时间，不仅提高了供电可靠性，还减少非必要的抢修车辆出动成本、呼叫中心话务成本。澳大利亚 AusNet Services 公司在 2011 集成了 AMI 数据以及地理信息系统（GIS）、SCADA 系统、用户信息系统（CIS）、资产管理系统（AMS），可快速判定断线故障，并缩短巡线范围。某一案例表明，巡线范围从原来的 4.7km 缩短到 350m，停电时间从原来的 4h45min 减少为 0.5h 以下。

国家电网公司系统内许多省市电力公司在这方面进行了广泛深入的探索。上海电力公司和上海电力大学合作，提出了基于有限状态机故障因果链的连锁跳闸故障诊断和预测方法，以实际电网为例，验证了方法的可行性。国网冀北电力公司承德供电公司以电能质量在线监测系统数据为数据源，通过对基础台账数据、运行数据进行深度挖掘，对业务数据进行全景分析及自动预警。山西电力公司忻州供电公司应用大数据技术，开发了对中低压电网运行工况异常诊断和在线监测系统，可及时反映电网运行中的单相接地事故，制定相应的拉路措施，提高了配电网运行的供电质量。陕西电力公司选用随机森林算法进行用户窃电特征分析，在此基础上，利用 XGBoost 算法构建疑似窃电用户辨识模型，提高了反窃电工作的效率和窃电识别准确性。江苏省电力公司徐州供电公司应用聚类分析方法对变压器运行参数进行聚类分析，并利用不良数据辨识后的 SCADA 系统量测数据进行变压器设备参数估计。浙江公司台州供电公司搭建了由各类监控信息分析模块组成的信息分析中心，通过智能电网调控技术支持系统获取电网实时和历史运行数据，基于 K 均值聚类算法，提升数据分析效率，并对输变电设备越限、异常和事故事件进行识别和进行风险评估。江苏公司苏州供电分公司借助 Power BI 大数据分析软件，以运检生产管理、设备管理和人员管理等数据为核心，综合时间、天气、地理等信息，实现了人员、工作量、设备缺陷等运检生产关键因素的全方位多时空动态展示，为了解和把控运检生产各关键因素提供了直观的工具。浙江公司嘉兴供电公司将大数据分析和机理分析相结合，开展停电与物质关联分析，根据外部背景信息、实时的运行工况与环境信息，在线估算各类电力设备故障率影响的时空分布，据设备故障演化机理，动态评估电力系统可靠性的风险，实现早期预警。陕西省电力公司咸阳供电分公司和西安理工合作，开展了基于大数据的配网运营可视化平台建设工作，平台通过数据接口和调用服务从 GIS 系统、调度自动化系统、配网自动化系统、生产管理系统、营销系统、负控监测系统、客户服务系统、车辆管理系统中获取数据，进行指标计算、拓扑分析、故障研判、预测挖掘，实现了基于 GIS 方式的电网运行监视、抢修指挥、运营监测。

拓展性业务以建设综合能源平台为基础，将能源电力数据、政策法规、社会经济等数据汇集，在此基础上为城市、政府、企业提供各种综合能源服务，大数据在这一方面可发挥更为重要的作用。天津成立的能源大数据中心，整合能源、市政、经济、环境等多元数据，打造电力物联网数据融合平台，从电量增长、电量结构变化等方面分析天津经济发展趋势，并通过重点区域、行业、领域等多个维度的电量变化，验证天津市政策落地效果，为经济结构优化升级提供精准数据支撑，服务政府决策。

3.3 物联网

物联网（Internet of Things，IoT）是通信网和互联网的拓展应用和网络延伸，它利用感知技术与智能装置对物理世界进行感知识别，通过网络传输互联，进行计算、处理和知识挖掘，实现人与物、物与物信息交互和无缝链接，达到对物理世界实时控制、精确管理和科学决策目的。

物联网融合了通信、信息、传感、自动化等技术，在电力生产、输送、消费、管理各环节，广泛部署具有一定感知能力、计算能力和执行能力的各种智能感知设备，能够全方位提高电网各个环节的信息感知深度和广度，提升电力系统分析、预警、自愈及防范灾害的能力，提升电网安全运行水平，实现智能电网"电力流、信息流、业务流"的高度融合。

3.3.1 物联网架构

物联网基本架构包括感知层、网络层、应用层，三个层次相结合，实现全面感知、可靠传递、智能处理等方面的能力，通过开放互联的网络实现信息的交换和共享。

感知层：感知层处在物联网的最底层，主要功能是识别物体和采集信息。传感器、标签、定位、数据采集、音视频采集、执行器等设备是感知层基础单元，实现对物理世界中各类物理量、标识、音视频、数据等进行采集或操作。同时，感知层还通过各种通信技术将物理实体连接到网络层，实现数据向上传递和向下控制。

网络层：网络层处于三层架构的中间，主要功能是实现数据的传输。局域网络、互联网、有线和无线通信网、网络管理系统等是网络层的组成部分，实现对感知层和应用层之间的数据交递，是连接感知层和应用层的纽带，也是感知层物与物互联的桥梁。网络层包含接入网子层和核心网子层，前者主要实现感知层与网络层之间的互联，后者主要负责网络层与应用层之间的互联。

应用层：应用层处于三层架构的最顶层，主要功能包括两方面，一是完成数据和设备的管理及处理，二是将数据与需求相结合提供智能化应用。云计算、大数据库、人工智能等新技术支撑应用层根据用户实际业务需求来提供特定的服务。应用层一般包含了支撑技术子层和应用服务子层，前者主要负责接收、处理和提供数据，后者主要负责将加工后的数据通过服务的形式呈现给用户。

除了基本的层次架构，按照不同的应用场景和业务需求，物联网可分为多个基本应用架构：

（1）基于 WSN（Wireless Sensor Networks，无线传感器网络）的应用架构，由大量传感器节点组成，各节点之间可以相互通信，最终将所有数据提交给网关，上传给处理平台。

（2）基于 M2M（Machine‐to‐Machine）的应用架构，即机器与机器之间的通信，基于 M2M 的物联网架构不局限于传感器的组网，而是将各种仪器仪表、家电、车辆、各种工业设备等连入物联网，使得设备之间可以相互通信。

（3）基于 RFID 的应用架构，主要涉及物流追踪、资产管理等，主要通过 RFID 的标签和阅读器等达到追踪和管理的目的。

3.3.2　物联网关键技术

物联网的特点就是具有海量的数据、多样化的设备、智能化的应用等，其运行和发展依赖于多种关键技术。

3.3.2.1　感知与标识技术

采集物理世界中的各类数据是物联网的基础，这需要物联网对物理世界进行感知和识别，其中的关键技术主要包括传感器技术和识别技术。

1. 传感器技术

传感器是物联网系统中的关键组成部分，是以一定精确度把某种被测参量（主要为各种非电的物理量、化学量、生物量等）按一定规律转换为另一参量（通常为电参量）的器件或测量装置。传感器通常由敏感元件、转换元件、测量电路等组成，敏感元件用于感知外部环境参量，根据感知量的不同包含热敏元件、光敏元件、气敏元件、力敏元件、磁敏元件、湿敏元件、声敏元件、放射线敏感元件、色敏元件、味敏元件等；转换元件用于将敏感元件的输出参量转换为适于传输和测量的电信号；测量电路用于将转换元件输出的电信号进行进一步转换，便于后续记录和处理。

互补金属氧化物半导体（Complementary Metal - Oxide - Semiconductor，CMOS）传感器利用硅和锗两种元素所做成的半导体，其工作单位结构是 MOS 晶体管，包括了 NMOS 管和 PMOS 管，两者在 CMOS 上共存着带 N（带负电）和 P（带正电）级的半导体，这两个互补效应所产生的电流即可被处理芯片纪录和解读。CMOS 传感器主要用于工业图像处理领域，但凭借其卓越的性能和灵活性，目前已日益广泛地应用于数码相机、汽车辅助驾驶等新颖消费应用领域。

微机电系统（Micro Electromechanical System，MEMS）传感器是指一种能够实现机械/力学等功能的特殊半导体元件或特殊的半导体加工制造技术，MEMS 传感器是 MEMS 器件的重要分支，其采用微机械加工及处理技术，能够抵抗外界不良环境的影响，实现了传感器应用的智能化、微型化与多功能化。MEMS 传感器作为物联网时代泛在感知的重要基础正处于快速发展阶段，具有体积小、重量轻、功耗低、价格低、集成度高、可靠度高、可批量制造等优势，自从 20 世纪中叶研发至今，已经逐步取代了传统的传感器，在消费电子、汽车电子、工业控制、健康医疗、航空航天和军事国防等领域具有广阔的市场和应用。

2. 识别技术

对物理世界的识别（包括物品识别、位置识别和地理识别等）是实现物联网全面感知的基础，常用的识别技术有 RFID 标识、二维码、条形码等。

射频识别（Radio Frequency Identification，RFID）系统主要由阅读器（Reader）、电子标签（Tag）、应用软件系统三个部分所组成。标签进入阅读器工作范围后，接收阅读器发出的射频信号，无源标签或被动标签（Passive Tag）凭借感应电流所获得的能量发送出存储在芯片中的信息，或者有源标签或主动标签（Active Tag）主动发送某一频率的信号向阅读器发出信息，阅读器读取信息并解码后通过应用软件系统统进行有关处理。与传统的条形码/二维码相比，RFID 可以实现非接触性和大批量数据采集，可以在恶劣环境下作业，具有实时追踪、重复读写及高速读取的优势。

条形码是由一组规则排列的"条""空"及其对应字符组成的标记，用以表示一定的信息。条形码具有可靠准确、数据输入速度快、经济便宜、灵活实用、易于制作等优点，但信息存储量小，仅能存储一个代号，使用时通过这个代号才能调取计算机网络中的数据，且只能存储数字、英文、字符。

二维码是条形码的一种，是用某种特定的几何形体按一定规律在二维平面上分布的图形来记录信息的应用技术。二维码能够在横向和纵向两个方位同时以图形表达包括数字、英文、字符、汉字等的大量信息。与条形码相比，二维条形码打破了条形码只能记录数字和字母的局限性，具有存储容量大、空间利用率高等优点，在成本、安全性上均呈现较大优势，可以视为升级版的条形码。

3.3.2.2　信息传输技术

目前物联网信息传输技术包含有线通信技术和无线通信技术。

1. 有线通信技术

（1）光纤通信。光纤通信技术主要包括 EPON（Ethernet Passive Optical Network，以太网无源光网络）和工业以太网。EPON 是 PON 技术中的一种，由 IEEE 802.3 EFM（Ethernet for the First Mile）提出，在物理层采用 PON 技术，在数据链路层采用以太网通信协议，形成点到多点的网络结构。工业以太网是基于光纤通信技术的数据传输网络，集光通信、以太网接入、异步数据传输于一体，是在以太网和 TCP/IP 技术的基础上的一种工业用通信网络。

（2）电力线载波通信。电力线载波通信（Power Line Communication，PLC）是指利用电力线作为媒体实现数据传输的一种通信技术。由于电力线是最普及、覆盖范围最为广的一种物理媒体，利用电力线等媒体传输数据信息，可以降低运营成本、减少构建新的通信网络的支出。电力线载波通信包括窄带电力线通信和宽带电力线通信。

（3）串口通信。串口通信（Serial Communications）按位（bit）发送和接收字节，可以在使用一根线发送数据的同时用另一根线接收数据。因具有稳定、使用早、认可度高等特点，串口通信方式广泛应用于电力系统中。串口通信大体分为 RS-232、RS-422 和 RS-485 三种方式。

2. 无线通信技术

（1）微功率无线。微功率无线通信技术具有施工方便简单，无需额外铺设线缆等特点，可以方便对跨台区、复杂用电环境快速实施抄表方案。为满足无线通信技术的发展和应用需求，我国制定了行业标准 DL/T 698.44—2016《电能信息采集与管理系统　第 4-4 部分：通信协议—微功率无线通信协议》，实现了设备的兼容性和互换性。

（2）电力无线专网。电力无线专网是电力公司主导建设、专用于电力业务，采用广域无线接入技术的通信网络系统。2018 年，工业和信息化部无线电管理局对 223～235MHz 频段无线通信业务频率使用规划进行了调整，将 223～226MHz 和 229～233MHz 频段主要用于电力等行业宽带无线应用。230MHz 频段电力授权频点由以前的 40 个带宽为 25kHz 的离散频点，增补到 280 个离散频点。电力无线专网主要借鉴了长期演进（LTE）技术，除采用部分通用技术之外，根据工作频段及相应通信技术进行划分，电力无线专网主要包括三类，即 LTE-G 230MHz 电力无线专网、IoT-G 230MHz 电力无线专网和 1800MHz 电力无线专网。

（3）2G/3G/4G 无线公网。无线公网（2G/3G/4G）是运营商提供的无线通信网络，技术成熟、覆盖广泛、标准完备、产业链成熟，同时具有带宽大，传输距离远和非视距传输等优点，非常适合弥补目前电网通信方式单一化、覆盖面不全的缺陷。目前运营商通过 APN、VPN 技术实现业务横向逻辑隔离，运营商核心网至公司采用专线接入，满足业务的逻辑隔离要求。

（4）5G 通信。5G 具备比 4G 显著提高的性能，包括支持 0.1～1Gbit/s 的用户体验速率、每平方公里一百万的连接数密度、毫秒级的端到端时延、每平方公里数十 Tbit/s 的流量密度、每小时 500km 以上的移动性和数十 Gbit/s 的峰值速率。其中，用户体验速率、连接数密度和时延为 5G 最基本的三个性能指标。同时，5G 还大幅提高网络部署和运营的效率，相比 4G，频谱效率提升 5～15 倍，能效和成本效率更是提升百倍以上。

（5）低功耗广域无线接入。NB－IoT 与 eMTC 是低功耗广域无线接入技术（Low Power Wide Area Network，LPWAN），是面向低速率、低时延、超低终端成本、低功耗、海量终端连接的窄带蜂窝物联网技术，适用于泛在的物联网接入。NB－IoT 是由 3GPP 定义的基于蜂窝网的窄带物联网技术，支持海量连接，有深度覆盖能力，功耗低，适合传感计量、监控等物联网应用。eMTC 是由 3GPP 通过降低系统成本与复杂度、提升网络覆盖增益、降低通信功耗等技术措施，提出的面向物联网的窄带低功耗扩展覆盖版 LTE 技术，主要面向物联网大连接场景。

（6）北斗短报文通信。北斗短报文通信是北斗卫星导航定位系统的特色功能，用户与用户、用户与中心控制系统间可实现双向简短数字报文通信，在海洋、沙漠和野外没有通信和网络的地方，安装了北斗系统终端的用户，不仅能够实现定位，还能够向外界发布文字信息。

3.3.2.3 信息安全技术

物联网信息安全的总体需求就是实现物理安全、信息采集安全、信息传输安全和隐私保护，最终确保信息的机密性、完整性、真实性。与传统网络相比，物联网设备部署、网络传输大都在开放环境中，传统网络的安全措施不足以为物联网提供可靠的安全保障，需要从多个维度来提升安全防护能力。

1. 态势感知

物联网网络安全态势感知包括态势觉察、态势理解、态势投射等，是对网络安全全景的完整认知。态势感知一方面将网络中的安全要素进行搜集和汇总；另一方面根据需求及模型，基于安全要素之间的内在关系，分析网络安全状况，预测网络安全形势，为安全维护和建设提供决策支持。

2. 可信计算

可信计算（Trusted Computing）的核心目标之一是保证系统和应用的完整性，从而确定系统或软件运行在设计目标期望的可信状态，可信和安全是相辅相成的。可信是安全的基础，在系统和应用中加入可信验证能够减少由于使用未知或遭到篡改的系统/软件遭到攻击的可能性。基于可信计算的物联网应具备以下功能：保护设备身份，防止软件被恶意感染，防止硬件被篡改，确保退役设备数据清除，确保数据在静态时的安全性、完整性和可用性，达到密码协议的要求，支持多模型配置，维护审计日志，可以远程管理等。

3.3.2.4　IPv6

互联网发展导致全球 IPv4 地址严重缺乏，而物联网"万物互联"对 IP 标识的大量需求，使得 IP 地址分配更为严峻。面向下一代互联网的第 6 版网际互联协议标准（IPv6 协议）将地址位长度扩充为 128bit，IPv6 标识的绝对数量将是 IPv4 绝对数量的 2^{96} 倍。IPv6 地址的划分严格按照地址的位数来进行，128bit 的 IPv6 的地址被划分成地址前缀和接口地址两部分，前 64 位被定义为地址前缀用来表示该地址所属的子网络，即地址前缀用来在整个 IPv6 网中进行路由，地址的后 64 位被定义为接口地址用来在子网络中标志节点。

3.4　移动互联

移动互联将移动通信、互联网、智能移动终端相结合，用户通过移动设备来随时随地获取互联网信息和相关服务，具有实时、互动、个性化等关键特征。随着互联网技术、移动通信技术不断进度，智能移动终端的广泛应用，以及平台、商业模式的不断发展，特别是在"互联网＋"概念的推动下，移动互联已经不单是寻求技术上的突破，也更加注重与传统行业的融合发展，提供如移动支付、移动电子商务、手机搜索、移动定位服务等个性化信息。

通过在电力行业的能源生产、变电传输、配用电服务等环节广泛应用，移动互联将有效改善现场作业环境，优化用户体验，如用电管理、抄表作业、电力线路巡检、物资管理、移动办公、应急作业处理、用电服务等业务。

3.4.1　移动互联架构

随着泛在电力物联网建设与发展，一方面，面向电网生产运行，移动巡检、移动抢修、应急作业等业务需要与主站系统/平台的实时交互；另一方面，面向用户侧，企业微信、移动门户、车联网等业务需要与外部公众用户提供信息及服务。公司移动应用范围不断扩大、数量不断增多，移动互联建设向多元化方向发展。公司移动互联总体分为内网移动应用和外网移动应用，两大类应用均应基于移动互联应用支撑平台建设。

3.4.1.1　内网移动互联

内网移动互联架构如图 3－2 所示，内网用户通过插入专用加密 SIM 卡的安全移动作业终端，以电力无线虚拟专网通道，经过安全接入平台后，接入公司信息内容，以内网移动应用平台为中介访问业务系统和信息系统基础服务平台。

在用户安全移动作业终端上，应用数据请求由客户端接口经过安全接入平台，通过内网移动应用平台发送至业务系统或信息系统基础服务平台，完成相关业务处理后返回数据请求，再经过内网移动平台服务端和安全接入平台，返回至用户客户端。

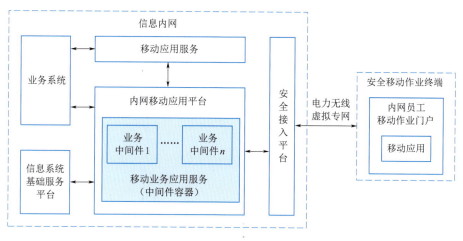

图 3-2 内网移动互联架构示意图

由图 3-2 可知，内网移动应用的后端服务可以以中间件的形式部署在应用平台容器中，也可以以移动应用服务的形式部署在信息内网中。

3.4.1.2 外网移动互联

外网移动互联架构如图 3-3 所示，外网用户使用通用的移动智能终端，使用运营商公网、Wi-Fi 等无线通信网络通道，经过安全交互平台接入公司信息外网，再以外网移动交互平台为中介，通过隔离装置按需访问业务系统和信息系统基础服务平台。

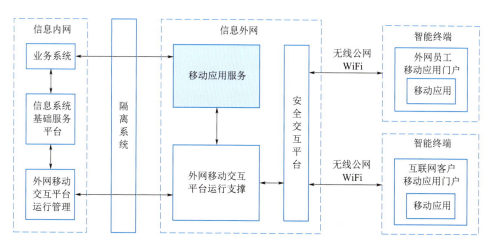

图 3-3 外网移动互联架构示意图

　　在用户的移动终端上，应用数据请求由客户端接口经过安全交互平台、外网移动交互平台等访问移动应用服务，完成相关业务处理后返回数据请求，经过外网移动交互平台和安全交互平台，返回至用户客户端。如果用户应用需要访问内网信息数据，则还需经过隔离装置，与内网信息系统基础服务平台进行交互。

　　由图 3-3 可知，考虑到信息安全防护，移动应用服务应部署在公司信息外网上，通过隔离装置与公司信息内网进行数据交互，外部用户不能直接访问公司信息内网。

3.4.2　移动互联关键技术

3.4.2.1　多平台移动应用

　　目前，主流的移动终端应用平台主要包括 Android、IOS、Windows。

　　Android 是基于 Linux 的自由及开放源代码的操作系统，主要用于智能手机、平板电脑等移动设备，由 Google 公司和开放手机联盟（Open Handset Alliance）领导及开发，厂商可在标准 Android 的基础上封装自有的操作系统。Android 的中间层多以 Java 实现，开发相对简单。

　　iOS 是由苹果公司开发的移动操作系统，主要应用于 iPhone、iPad 等。iOS 是非开源的操作系统，开发人员必须加入苹果开发者计划并获得苹果的批准，才能将软件发布到苹果的 App Store 上。IOS 的开发语言包括 C、C++、Objective-C、Swift 等，开发难度相对要大于 Android。

　　Windows Phone 是微软发布的一款手机操作系统，它将微软旗下的 Xbox Live 游戏、Xbox Music 音乐与独特的视频体验集成至手机中。Windows Phone 开发语言主要包括 C、C++、C♯ 等，基本控件来自控件 Silverlight 的 .NET Framework 类库，开发具备快捷、高效、低成本的特点。

3.4.2.2　消息推送

　　随着移动互联的发展，用户获取消息、服务提供商发布消息的实时性需求不断增长，消息推送技术显得更加重要。在智能客户终端中通过用户 ID 等注册到服务端后，服务端可以将消息向所有活动的客户端推送，通过消息推送，可以向用户展示更丰富的信息（如视频、图像、声音等）。

　　目前，在移动互联环境下适应的消息推送技术主要包括下述三类：

　　（1）短信推送（SMS Push），依赖运营商网络，以短信的方式推送到移动终端上。短信推送可靠性高，但推送内容相对受限，应用交互体验不佳。

　　（2）轮询拉取（Polling），在一定时间周期下，终端定时轮询获取消息。轮询拉取需要在实时性与设备耗电之间进行权衡。

　　（3）IP 推送（IP Push），通过 TCP/IP 保持长连接推送或者 UDP/IP 尽最大努力推送，一般利用心跳机制保持运营商的 TCP 长连接链路，来保证推送的可靠性、有序性和实时性。C2DM（Cloud to Device Messaging，Google 公司推出的推送技术）、APNs（Apple Push Service，苹果公司推出的推送技术）、WebSocket、HTTP 长连接等移动推送技术等都是基于 TCP 长连接设计的。大部分移动运营商网络的网关会定时检查链路，当链路空闲 4～5 分钟以上就会被回收，因此需要在这个间隔内让少量数据通过链路以保持链路不被回收。

3.4.2.3　移动定位

基于位置的服务（Location Based Services，LBS）利用各类定位技术获取设备当前位置信息，提供与位置相关的信息资源和基础服务，如电子地图、共享出行、社交服务、物流管理、应急物资调度等。移动互联 LBS 中，位置信息是基础且不可或缺的信息，高精度的定位信息能够带来更高的价值。

定位的基本原理是：目标通过与多个已知坐标位置的固定站进行交互，获得相应测量参数（一般包括无线电波的传播时间、幅度、相位、到达方位角等），通过适当的计算及误差补偿，获得自身在空间中的位置。移动定位技术主要包括下述几类：

（1）基于小区标识号 Cell - ID 的定位技术：每个蜂窝小区都有特定的小区标识号（Cell - ID），移动终端在当前小区进行注册，系统移动终端所处小区的标识号来确定用户的位置。

（2）到达时间 TOA（Time of Arrival）定位技术：移动终端发射测量信号到达 3 个以上的基站，系统通过测量信号到达所用的时间，通过计算球面交点实现对移动终端的定位。

（3）到达时间差 TDOA（Time Difference of Arrival）定位技术：移动终端对基站进行监听并测量出信号到达两个基站的时间差，每两个基站得到一个测量值形成一个双曲线定位区，三个基站得到两个双曲线定位区，通过计算交点得到移动终端位置。

（4）增强型观测时间差 E - OTD（Enhanced - Observed Time Difference）定位技术：在无线网络中放置若干位置接收器或参考点作为位置测量单元（LMU），参考点都有一个精确的定时源，当具有 E - OTD 功能的移动终端和 LMU 接收到 3 个以上的基站信号时，每个基站信号到达两者的时间差将被算出来，从而计算出移动终端所处的位置。

（5）角度达到 AOA（Arrival of Angle）定位技术：基站通过阵列智能天线测出基站与发送信号的移动终端之间的角度，进而确定两者之间的连线，移动终端与两个基站可得到两条连线，其交点即为移动终端位置。

（6）GPS/北斗卫星定位技术：移动终端接收多颗卫星发射的无线电信号，通过计算信号在空间的传播时间和距离，实现移动终端定位。

3.4.2.4　移动设备全生命周期管理

由于"广泛互联、开放互动"的特点，对移动互联提出了更高的安全防护要求，尤其是处于开放、复杂应用环境中的移动终端，为保障用户隐私、业务数据、系统平台的安全，需要对移动终端的获取、部署、运行、回收等环节进行全生命周期管理。

（1）在用户获取移动终端环节，需要对终端软硬件进行配置和预安装，确保设备提供安全可信的运行环境，用户及设备需要进行资产注册及绑定。

（2）在初始化部署环节，对移动终端的网络配置、应用安装、证书部署、安全策略导入等，针对应用需要进行有效部署（如企业证书、PN 设置、密码策略、限制网络访问等），以确保用户可以安全访问相应业务资源。

（3）在移动终端正常运行环节，要对密码、口令、端口等进行强制策略配置，人、机、卡三者匹配，对数据进行软硬件加密，对运行内容全过程进行安全监控，及时升级应用程序和安装漏洞补丁。同时，能够通过系统进行设备隔离、远程锁定、证书吊销、数据擦除等。

（4）在设备回收报废环节，进行用户注销及应用卸载，彻底清除数据，对软硬件资产进行登记注销和重配置。

3.5　人工智能

人工智能是利用数字计算机或者数字计算机控制的机器模拟、延伸和扩展人的智能，感知环境、获取知识并使用知识获得最佳结果的理论、方法、技术及应用系统，是机器模仿人类利用知识完成一定行为的过程。

人工智能由多种技术组成，这些技术使计算机及系统通过对图像、声音、传感量、生物特征等的采集和处理来接触世界，通过分析和理解收集到的信息，基于推理引擎、专家系统等做出决策或建议，并通过机器学习等来吸取经验提高水平。

1956 年，人工智能概念被正式提出，迎来了第一次发展高潮；从 20 世纪 70 年代开始，受限于当时计算机的性能、计算复杂性的指数级增长和数据量缺失等因素，人工智能研究陷入了第一次低谷；1980 年，专家系统和神经网络被提出，人工智能迎来又一次高潮，电力领域的专家学者也积极投入到人工智能应用研究中；20 世纪 90 年代人工智能技术开始进入平稳发展时期，人工智能研究仅限于学术研究。2006 年以来，随着深度学习的成熟，语义识别、图像识别、机器翻译等开始逐步应用到实际中，人工智能迎来了第三次高潮。2016 年，AlphaGo 战胜世界围棋冠军李世石，人工智能受到了高度关注。图 3-4 以时间轴的形式简要概述了人工智能的发展历程。

新一代人工智能以提升感知识别、知识计算、认知推理、运动执行、人机交互能力为重点，而智能电网是由大数据支撑的广泛互联、高度智能、开放互动和可持续发展的能源系统，必然会在不断完善的过程中与人工智能越来越多地交织在一起，将在巡线无人机、作业机器人、调度辅助决策、电网故障诊断等方面产生积极

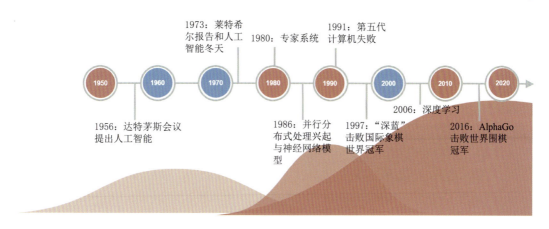

图 3-4 人工智能发展历程

影响。

3.5.1 人工智能技术体系

人工智能应用从下到上，分为软硬件基础层、技术层和应用层，基础层又包含计算芯片、计算框架和数据，技术层包含算法和通用技术，如图 3-5 所示。

应用层		负荷/电价/发电预测、故障识别、安全稳定判断、用电负荷辨识、智能运维、需求响应潜力分析、智能管理和办公、网络攻击/假数据识别、调度控制
技术层	通用技术	机器视觉、自然语言处理、语音识别、知识图谱、智能机器人
	算法	统计学、数据挖掘、机器学习（深度学习）、优化算法
基础层	数据	内外部数据：高级量测体系（Advanced Metering Infrastructure，AMI）、电源管理单元（Power Management Unit，PMU）、气象、地理信息、生产管理系统（PMS）、SCADA、巡检图片图像、95598语音数据、社会经济
	计算框架	TensorFlow、Caffe、Apache System ML、Torch
	计算芯片	GPU/FPGA，TPU智能芯片

图 3-5 人工智能技术体系

3.5.2 基础层

3.5.2.1 计算芯片

目前深度学习技术等人工智能方法大规模应用于智能电网各业务领域中，其模型训练需要较高的内在并行度、大量浮点计算能力以及矩阵运算，需要用到大量的卷积并行运算，因此对人工智能芯片提出了计算力更高的要求。人工智能计算芯片能够解决中央处理器（Central Processing Unit，CPU）传统芯片架构在并行计算上表现乏力、算力不足和运算效率较低的问题，满足智能电网背景下海量数据复制计算的特殊场景需求。从技术架构角度来看，人工智能计算芯片可基于 GPU、FPGA、ASIC 实现，并包括类脑芯片等。

1. GPU

图形处理器（Graphic Processing Unit，GPU）最初是为了满足图像处理、3D 渲染等需求所而研发的芯片，其特点为擅长大规模并行运算和并行处理。目前，GPU 作为加速芯片，凭借优异的大规模数据处理能力，应用于文本大规模生成、棋牌类博弈、辅助驾驶系统和无人驾驶试验等多个领域应用。虽然从芯片底层架构来讲，GPU 并非专为深度学习等人工智能算法专门设计的。但不可否认，当前 GPU 的设计和生产均已非常成熟，在集成度和制造工艺上具有优势，因而从成本和性能的平衡来讲，是当下人工智能运算的很好选择之一。

2. FPGA

FPGA 全称为"可编辑门阵列"（Field Programmable Gate Array），是一种通用型的芯片，设计更接近于硬件底层架构，最大特点是可重复编程。基于该特点，用户可以通过 FPGA 配置文件来实现应用场景的高度定制，进而通过电子技术达到高性能、低功耗的目的，为智能电网中各个应用场景赋能。目前，FPGA 成本较高，多用于可重配置需求较高的军事、工业电子等领域。同时，FPGA 在深度学习加速方面具有可重构、低功耗、可定制和高性能等特点，是智能电网人工智能基础芯片的选择之一。但同时也需要看到，FPGA 在实际应用时也会面临诸多挑战，如何种统一编程模型和重用模式是最有效的等问题。

3. ASIC

ASIC 全称为"专用集成电路"（Application Specific Integrated Circuits），是一种针对特定应用场景和特定用户需求而开发的专用类芯片。作为全定制设计的芯片，ASIC 芯片的性能和能耗都要优于市场上的现有通用芯片，如 FPGA、GPU 等。近年来越来越多的公司开始采用 ASIC 芯片进行深度学习算法加速，其中表现最为突出的是 Google 的 TPU。除此之外，中国的北京寒武纪科技有限公司、上海华为海思半导体公司、北京地平线信息技术有限公司等公司也都推出了用于深度神经网络加速的 ASIC 芯片。

4. 类脑芯片

类脑芯片是一款模拟人脑的新型芯片，它的架构类似于大脑的神经突触，处理器类似于神经元，而通信系统类似于神经纤维，允许开发者设计应用程序。通过这种神经元网络系统，计算机可以感知、记忆和处理大量不同的情况。目前，类脑芯片可分为模拟和数字两种。其中，模拟类脑芯片的代表是瑞士苏黎世联邦理工学院的 ROLLS 芯片和海德堡大学的 BrainScales 芯片。数字类脑芯片又分为异步同步混合和纯同步两种。其中异步（无全局时钟）数字电路的代表是 IBM 的 TrueNorth，纯同步的数字电路代表是清华大学首款异构融合的天机芯片。除此之外还有 Intel 推出的 Loihi 芯片，其具备自主片上学习能力，使用脉冲或尖峰传递信息，自动调节突触强度，根据环境中的各种反馈信息进行自主学习。

3.5.2.2　计算框架

目前使用较多的计算框架是外国公司开发的开源计算框架，如 TensorFlow，Caffe，Deeplearning4j 等，我国开发的计算框架逐步被更多的研究者采用。

1. TensorFlow

TensorFlow 最初由 Google Brain Team 的研究人员和工程师开发。TensorFlow 使用数据流图进行数值计算。TensorFlow 提供了多种 API。最低级别的 API——TensorFlow Core——提供了完整的编程控制。高级 API 则建立在 TensorFlow Core 的顶部。这些更高级别的 API 通常比 TensorFlow Core 更容易学习和使用。此外，更高级别的 API 使得重复性的任务在不同的用户之间变得更容易、更一致。一个高级 API 就像 tf. estimator，可以帮助您管理数据集、评估器、训练和推理。

2. Caffe

Caffe 是一种清晰而高效的深度学习框架。主要用于计算机视觉应用的卷积神经网络。可以在 Caffe Model Zoo 上注册，下载很多已经成功建模的模型，直接用于开发。

3. Deeplearning4j

Deeplearning4j 是商业级开源分布式深度学习库，可以通过 Keras（包括 TensorFlow，Caffe 和 Theano）从大多数主要框架中导入神经网络模型，为数据科学家、数据工程师提供了工具包，弥合了 Python 生态系统和 JVM 之间的障碍。

3.5.2.3　数据

人工智能属于数据驱动方法，从数据中提取样本、特征，用于模型训练。在电力系统的人工智能应用中，可供选择的数据众多，包括智能电表数据、PMU 数据等结构化数据，也包括 95598 语音、无人机巡检图片等非结构化数据。

3.5.3　技术层

3.5.3.1　人工智能算法

人工智能算法包括机器学习、统计算法、优化算法等，其中机器学习是最重要的算法。机器学习是计算机利用经验自动改善系统自身性能的行为，涉及统计学、系统辨识、逼近理论、神经网络、优化理论、计算机科学、脑科学等诸多领域。计算机从观测复杂数据（样本）出发寻找规律、学习算法，再通过给学习算法和历史经验数据建立模型，最终实现对未来数据或无法观测数据的预测或者分类。机器学习的一般过程如图 3-6 所示。

图 3-6　机器学习一般过程

　　机器学习的特点在于，即使没有足够的数据，机器学习算法可以在已知数据和输入限制条件中找到许多不同的假设，所有这些假设在训练数据上都具有相同的准确性，通过集合算法来逼近真实的目标模型及输出结果。此处介绍几种具有代表性的机器学习算法。

1. 人工神经网络

　　人工神经网络是对人脑组合结构和运行机制的抽象和模拟，是由大量的神经元相互连接形成的复杂网络结构。人工神经网络通过对已知信息的反复训练学习，调整并改变神经元连接权重，最终建立输入与输出之间的关系。人工神经网络无须知道输入与输出之间的准确关系，也不需要大量样本数据，只需要知道引起输出变化的参数。针对规模大、结构复杂、信息不明确的系统，人工神经网络在处理模糊、随机性、非线性等数据方面具有明显优势，在语识别、智能机器人、自动控制、经济、医学等多个领域有广泛应用。

2. 支持向量机

　　支持向量机（SVM）是一类按监督学习方式对数据进行二元分类的广义线性分类器，其决策边界是对学习样本求解的最大边距超平面。它通过核方法将低维输入映射到高维特征空间中和通过决策边界实现线性不可分样本的分类。在解决小样本、非线性及高维模式识别中，SVM 表现出许多特有的优势，并能够推广应用到函数拟合等其他机器学习问题中。同神经网络一样，支持向量机在负荷预测和故障诊断等电力领域中发挥着重要作用。比如，在负荷预测中，支持向量机结合聚类分析技术，依据输入样本的相似度选取训练样本，强化了历史数据规律，有效地提高了负荷预测的精度，缩短了预测时间。

3. 强化学习

　　强化学习的灵感来源于心理学中的行为主义理论，其范式非常类似于人类学习知识的过程。该方法强调如何基于环境而行动，以取得最大化的预期利益。强化学习以 Q 学习算法为代表。Q 学习算法是一种基于马尔科夫决策过程的控制算法。它不依赖于模型，通过不断地试错与环境交互，最大化累积奖赏来学习最优策略，从而实现动态的最优的控制。强化学习具有不需要标签数据、不需要正负样本、强大的在线自学习能力以及兼顾现有知识和探索新知识的优点。国内外学者陆续将其引入电力行业的各个领域，例如系统的安全稳定控制、自动发电控制和电压无功优化。但是，传统的强化学习由于动作空间和样本空间的限制，无法解决复杂任务。近年兴起的深度强化学习技术具备深度学习的感知能力和强化学习的决策能力，将高维输入和反馈机制相结合，解决了传统强化学习在具有大量复杂动作空间场景下延迟较高的缺陷，消除了传统深度学习技术对标记数据的依赖性，在未来电力系统调度决策中具有较大的潜力。

4. 深度学习

　　深度学习属于机器学习中的一个领域，通过从低层逐层抽象的方式发掘高维数据中的复杂结构，进而从大量样本数据中学习有效的特征。深度学习的本质是利用海量的训练数据，通过构造多个隐层的模型，学习更加有用的特征数据，从而提高预测结果的准确性。深度学习凭借强大的非线性能力和特征提取能力，在语音识别、图像识别、金融、能源等领域发挥了十分重要的作用。

5. 深度强化学习

深度强化学习是人工智能领域的一个新的研究热点。它以一种通用的形式将深度学习的感知能力与强化学习的决策能力相结合，通过端到端的学习方式实现从原始输入到输出的直接控制。随着 GPU 芯片的普及以及互联网快速发展带来的海量数据，深度强化学习被广泛关注，并在许多需要感知高维度原始输入数据和决策控制的任务中表现出强大的解析能量，得到广泛认同。

目前，深度强化学习主要包含三种类型，分别是基于值函数的深度强化学习、基于策略梯度的深度强化学习以及基于搜索与监督的深度强化学习。

6. 迁移学习

运用已掌握的学习知识来解决另一个新环境中的问题是人类高级智能的重要表现之一。这也是人工智能迁移学习所追求的能力，即迁移学习可将在一个场景中学习到的知识迁移到另一个场景中应用，使模型和学习方法具有更强的泛化能力。根据迁移项的不同可分为样本迁移、特征迁移、参数模型迁移和关系迁移。典型的迁移学习方法包括 TrAdaBoost、自我学习（Self‒taught Learning）等。

在迁移学习中预训练模型的方法如下：

（1）选择源模型。一个预训练的源模型是从可用模型中挑选出来的。很多研究机构都发布了基于超大数据集的模型，这些都可以作为源模型的备选者。

（2）重用模型。选择的预训练模型可以作为用于第二个任务的模型的学习起点。这可能涉及全部或者部分使用与训练模型，取决于所用的模型训练技术。

（3）调整模型。模型可以在目标数据集中的输入-输出对上选择性地进行微调，以让它更好地适应目标任务。

3.5.3.2　通用技术

1. 图像识别

图像识别技术利用信息处理与计算机技术，对图像进行处理、分析和理解，图像识别过程首先对原始图像中目标的关键特征进行提取和筛选，然后依据筛选特征对目标进行分类，判断出目标所属的类别。图像识别技术目前广泛应用于计算机视觉、人脸识别等领域。其涉及的关键技术有图像分类、目标检测、语义分割等。

（1）图像分类是图像识别领域中最基本的任务，需要从指定的类别集合中给图像分配一个标签。在人工智能的图像识别技术中，采用数据驱动算法对图像进行识别，即对每一类标签收集大量图像，计算机通过算法对不同类别图像的特征进行学习，然后训练得到一个分类器模型，模型进而对新的图像进行识别。

（2）目标检测不同于图像分类的是，不仅需要判断图像中是否含有某种物体，还要在图像中把物体的位置用矩形框标记出来。在图像分类问题中，通常只有一个较大的物体位于图像中间位置，只需对单一物体进行识别，问题较为简单；而在目标检测问题中，图像中往往存在多个物体，并且单张图像中可能会存在多个不同类别的物体，图像较为复杂，所以目标检测问题的难度较大。

（3）图像语义分割是图像识别中十分重要的领域，其目标是为图像中每一个像素点分类。图像语义分割是一个十分困难的任务，在深度学习之前，人们常使用纹理基元森林与随机森林的方法做图像的语义分割任务，分割的准确度往往较低。自深度学习的不断发展，基于深度学习的图像语义分割算法层出不穷，并且把分割的准确度提高了很多。

2. 自然语言处理

自然语言处理是计算机科学领域与人工智能领域中的一个重要方向，研究实现人与计算机之间利用自然语言进行有效通信。自然语言处理系统包含语音识别、语义识别等。

（1）语音识别通过直接人机语音对话方式，将人类语音内容转换为计算机可读的输入。语音识别一般包括训练测试和匹配识别两个部分。其中，训练测试的基本任务是将预先设定的语音训练集利用算法提取出的特征参数作为声学模型输入，对训练集构成的特征空间进行归纳分类，使语音特征参数得到充分利用；匹配识别主要是将预先设定的测试集提取的语音特征参数与训练集通过声学模型训练后的结果进行特征匹配，得到一个相似度考量，最后由相似性考量做出语音识别决策。

（2）语义分析方法通过对文本的语义特征的准确提取和语义相似度计算来提高语义分析的精度，将传统的文本分析进一步深入到上下文的语义层面，更好地获取准确的信息。常用的语义分析方法有基于规则的语义分析、基于本体的语义分析和潜在语义分析三种，从本质上可归为两类：一类是借助外部的语义知识，如通过词典等相关工具深入全面地解读文本；另一类是从文本本身出发，通过线性矩阵和统计分析的方法对大量的文本集进行分析，选取合适的文本特征向量，构建文本集中词与词间的潜在语义空间，借助文本降维的方式掌握其语义特征。

3. 知识图谱

知识图谱本质上是结构化的语义知识库，是一种由节点和边组成的图数据结构，以符号形式描述物理世界中的概念及其相互关系，其基本组成单位是"实体—关系—实体"三元组，以及实体及其相关"属性—值"对。不同实体之间通过关系相互联结，构成网状的知识结构。在知识图谱中，每个节点表示现实世界的"实体"，每条边为实体与实体之间的"关系"。知识图谱把所有不同种类的信息连接在一起，得到的一个关系网络，提供了从"关系"的角度去分析问题的能力。

知识图谱可用于反欺诈、不一致性验证、组团欺诈等公共安全保障领域，需要用到异常分析、静态分析、动态分析等数据挖掘方法。另外，知识图谱在搜索引擎、可视化展示和精准营销方面有很大的优势，已成为业界的热门工具。

3.5.4 应用层

人工智能应用覆盖电力系统的各个领域，从安全稳定分析、设备健康评估到用户行为分析。利用深度学习、支持向量机可用于判断系统的稳定性；深度强化学习可用于电力系统紧急控制辅助决策、微电网中多种储能协调控制，多种机器学习方法都被用于非侵入式负荷分解。人工智能在电力系统的应用场景众多，此处不再赘述。

3.6 区块链

区块链是一个分布式的共享账本和数据库，具有去中心化、不可篡改、全程留痕、可以追溯、集体维护、公开透明等特点。区块链是分布式数据存储、点对点传输、共识机制、加密算法等计算机技术的新型应用模式。分布式数据存储是其主要特点。集中式数据存储和分布式数据存储的差别如图 3－7 所示。

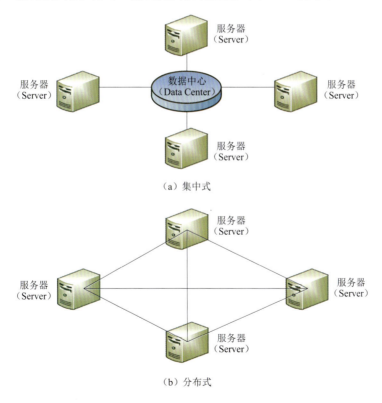

（a）集中式

（b）分布式

图 3－7　集中式与分布式数据存储示意

区块链近年来已成为联合国、国际货币基金组织等国际组织以及许多国家政府研究讨论的热点，产业界也纷纷加大投入力度。目前，区块链的应用已延伸到物联网、智能制造、供应链管理、数字资产交易等多个领域，将为云计算、大数据、移动互联网等新一代信息技术的发展带来新的机遇，有能力引发新一轮的技术创新和产业变革。而在能源领域，区块链技术的应用才刚刚起步。

3.6.1　基本概念和特征

区块链是一系列现有成熟技术的有机组合，它对账本进行分布式的有限记录，并且提供完善的脚本以支持不同的业务逻辑。在典型的区块链系统中，数据以区块（block）为单位产生和存储，并按照时间顺序连城链式（chain）数据结构。所有节点共同参与区块链的数据验证、存储和维护。新区块的创建通常需得到全网多数（数量取决于不同的共识机制）节点的确认，并向各节点广播实现全网同步，之后不能更改或删除。

区块链是由区块有序链接起来形成的一种数据结构，其中区块是指数据的集合，相关信息和记录都包括在里面，是形成区块链的基本单元。为了保证区块链的可追溯性，每个区块都会带有时间戳，作为独特的标记。具体地，区块由两部分组成：①区块头，链接到前面的区块，并为区块链提供完整性；②区块主体，记录了网络中更新的数据信息。图 3-8 给出区块链组织方式的示意图。每个区块都会通过区块头信息链接到之前的区块，从而形成链式结构。

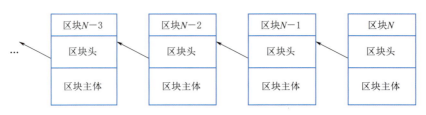

图 3-8　区块链的组织方式

由于区块链网络中的所有节点都保存着整个数据库的所有数据，因此区块链的存储容量较小、写入效率也较低。为了平衡区块链的优缺点，出现了面向不同范围用户开放的区块链类型，包括公有链、联盟链和私有链，通过部分"去中心化"，提升区块链的存储写入效率。

从外部来看，区块链系统应具有以下特征：

（1）多方写入，共同维护。区块链的记账参与方应当由多个利益不完全一致的实体组成，并且在不同的记账周期内，由不同的参与方主导发起记账（轮换方式取决于不同的共识机制），而其他的参与方将对主导方发起的记账信息进行共同验证。

（2）公开账本。区块链系统记录的账本应处于所有参与者被允许访问的状态，为了验证区块链记录的信息的有效性，记账参与者必须有能力访问信息内容和账本历史。但公开账本指的是可访问性的公开，并不代表信息本身的公开，因此，业界期望将很多隐私保护方面的技术应用到区块链领域，以解决通过密文操作就能验证信息有效性的问题。

（3）去中心化。区块链应当是不依赖于单一信任中心的系统，在处理仅涉及链内封闭系统中的数据时，区块链本身能够创造参与者之间的信任。但是在某些情况下，如身份管理等场景，不可避免地会引入外部数据，并且这些数据需要可信第三方的信任背书，此时对于不同类型的数据，其信任应来源于不同的可信第三方，而不是依赖于单一的信任中心。在这种情况下，区块链本身不创造信任，而是作为信任的载体。

（4）不可篡改。作为区块链最为显著的特征，不可篡改性是区块链系统的必要条件，而不是充分条件。有很多基于硬件的技术同样可以实现数据一次写入，多次读取且无法篡改，典型的例子如一次性刻录光盘。区块链的不可篡改基于密码学的散列算法，以及多方共同维护的特征，但同时由于这个特性，区块链的不可篡改不是严格意义上的，称之为难以篡改更为合适。

经过近几年的快速发展，区块链的共识机制、智能合约等核心因素进一步升级优化。根据区块链技术的功能与服务范围将其定义成"三代区块链"技术：其中以比特币为代表的第一代区块链技术最为成熟；以以太坊为代表的第二代区块链技术经过近几年的发展与实践逐步进入实际应用阶段；以 Hyperledger 为代表的第三代区块链技术利用开源平台优势快速崛起，已经面向一些企业开展概念性验证项目。

比特币本质上是"分布式网络系统生成的数字货币"，其依赖于分布式网络节点共同参与一种称为工作量证明（Proof of Work，PoW）的共识过程，从而完成比特币交易的验证与记录。共识过程俗称"挖矿"，通常就是各节点贡献自己的计算资源（或能力）来竞争解决一个难度可动态调整的数学问题，比特币系统会发行比特币用于奖励矿工，并激励其他矿工继续贡献算力。简而言之，挖矿的两个目的就是产生新币和打包转移旧币（即币的发行与分配）。

第一代区块链底层系统被设计成"仅支持部分简单的指令集"，人们利用基于区块链可编程的特点，在第二代区块链系统合约层中添加了"智能合约"形成可编程金融系统。第二代区块链技术（或称为区块链 2.0）的典型应用平台是代表公有链（对所有人开放）的以太坊（Ethereum）与代表联盟链（多个组织构成的联盟控制，进入和退出需要授权）应用于企业的超级账本（Hyperledger）。超级账本因为其开源的特性和功能的可延展性，也被认为代表着区块链技术 3.0 的到来。

第三代区块链技术（或称区块链 3.0）代表区块链进入社会公证、智能化领域，并可在货币与金融市场以外的行业实现应用。区块链 3.0 前期技术。代表之一是由 Linux 基金会牵头联合 30 家初创成员成立的区块链项目——超级账本。超级账本是基于工业化、商业化的需要设计的，试图建立新一代透明、公开、去中心化的交易应用平台作为区块链技术的开源规范和标准。目前已有超过 300 家企业和机构宣布加入该项目。"超级账本"项目是一种"联盟链"形式（或称为"许可准入型"）的区块链。参与者通过注册获得身份认证许可（由成员服务提供商提供），在需要发起交易时通过该许可获得交易认证中心授予的"交易证书"，持有证书的用户才可以发起交易。

3.6.2　区块链在电力物联网中的作用

区块链在一定程度上可解决电力物联网的数据安全、数据处理问题，并可支撑电力物联网的一些一个用。

首先，电力物联网的计算量很大，连接点越多，每个节点负责的事情越多，计算量也就越大，常规的计算机的算力无法进一步满足物联网对算力的需求，区块链在本质上是一种去中心化的账本，在它的网络中，多个节点可以共同参与数据的计算和记录。过去一个物联网电子设备所有节点的运作都是要依靠中央服务器通过计算做出的判断，加入区块链技术后，每个节点就可以自行计算各自节点负责的问题，并且将计算结果与中央服务器相契合，就能提高计算力。

其次，是数据安全问题，电力物联网上传递的还是信息，涉及用户安全和电网安全。区块链具有去中心化特点，所以，一个区域的断网不会对另一区域的网络造成任何影响，能够实现持续工作。因此，不会出现黑客攻击一个节点，却导致整个网络瘫痪的问题。例如，区块链还能为智能电表或电力系统 PMU 的数据提供记录平台，能够通过公共验证机制降低坏数据比例，保障数据可信度。

在能源交易方面，区块链可很好地支持能源互联网环境下的能源交易。能源互联网涉及广泛繁杂的市场交易，除现有的能量交易之外，还可能涉及辅助服务、排放等交易甚至金融交易，因此需要可信任的计量以及权威的认证。区块链的分布式的"记账"的原理以及全系统公共认证在机制上保证了数据不能进行私自篡改，保障了计量和认证的权威性，因而能够在能源互联网的计量和认证方面发挥重要作用。随着售电市场的改革，基于区块链的电力零售商与发电厂商双边交易将更加高效透明；分布式新能源的渗透使传统的用户实现从消费者（Consumer）到生产消费者（Prosumer）的转变，基于 C2C 的能量微交易也可以在区块链交易平台上实施。除能量交易之外，区块链的公开透明也将保障辅助服务交易、碳交易等的高效执行。

此外，通过区块链可编程的智能合约，整个电力物联网的运行可以自动执行。

3.6.3　电力物联网的区块链技术架构

区块链的技术架构如图 3-9 所示。

3.6.3.1　核心技术组件

核心技术组件包括区块链系统所依赖的基础组件、协议和算法，进一步细分为通信、存储、安全机制、共识机制等四层结构。

（1）通信：区块链通常采用 P2P 技术来组织各个网络节点，每个节点通过多播实现路由、新节点识别和数据传播等功能。

（2）存储：区块链数据在运行期以块链式数据结构存储在内存中，最终会持久

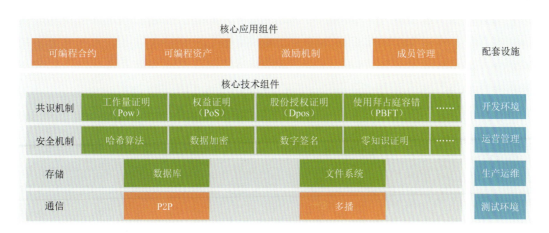

图 3-9 区块链的技术架构

化存储到数据库中。对于较大的文件，也可存储在链外的文件系统里，同时将摘要（数字指纹）保存到链上用以自证。

（3）安全机制：区块链系统通过多种密码学原理进行数据加密及隐私保护。对于公有链或其他涉及金融应用的区块链系统而言，高强度高可靠的安全算法是基本要求，需要达到国密级别，同时在效率上需要具备一定的优势。

（4）共识机制：区块链系统中各个节点需要达成一致的策略和方法，应根据系统类型及应用场景的不同灵活选取。

3.6.3.2 核心应用组件

核心应用组件在核心技术组件之上，提供了针对区块链特有应用场景的供能，允许通过使用编程的方式发行数字资产，也可以通过配套的脚本语言编写智能合约，灵活操作链上资产，并通过激励机制维系区块链系统安全稳定运行。

3.6.3.3 配套设施

区块链作为典型的分布式系统，在研发阶段需要具备与之配套的开发测试工具和环境。在生产阶段，需要建立相应的运维体系和运营管理功能。在部署层面，区块链系统可以部署于单台服务器上，以单台服务器作为区块链网络中的一个节点加入。也可部署于多台服务器上，以服务器集群为单位作为区块链网络中的一个节点加入。后者可以提升节点的稳定性和吞吐量，更适合于那些对节点可用性有较高要求的共识机制。

3.6.4 电力物联网中区块链技术的应用

区块链在能源和电力领域的应用研究不少，但获得实际应用的成果并不多。目前几乎所有的区块链应用都处于实验阶段。

在能源交易方面，美国的能源公司 LO3 Energy 与比特币开发公司 Consensus Systems 合作，在纽约布鲁克林 Gowanus 和 Park Slope 街区为少数住户建立了一个基于区块链系统的可交互电网平台 TransActiveGrid。Brooklyn Microgrid 实现了社区间居民的点对点电力交易，允许用户通过智能电表实时获得发、用电量等相关数据，并通过区块链向他人购买或销售电力能源。用户可以不需要通过公共的电力公司或中央电网就能完成电力能源交易。

在加密货币付费方面，南非的 Bankymoon 允许客户通过加密货币预先支付电费，并且只有交完费用才能获取能源。所有的交易都使用智能合约来记录。总部位于英国的 Electron 公司，利用区块链技术，建立了一个分布式的天然气和电力计量系统，包括资产注册、灵活交易和智能计量表数据保密系统，客户可以在短短 15s 内从一个供应商切换到另一个供应商。

在电动汽车自动交易方面，2016 年，瑞士银行、德国电力公司莱茵集团（RWE）与汽车技术公司采埃孚（ZF）合作，为电动汽车创造区块链电子钱包，令车主可以自主完成电力收费、停车收费，甚至高速公路收费等交易。

在碳排放认证方面，采用区块链技术搭建碳排放权认证和交易平台，给予每一单位的碳排放权专有 ID，加盖时间戳，并记录在区块链中，实时记录发电机组的碳排放、碳交易行为，并对超标企业进行罚款。

2019 年，国家电网公司在中央企业率先成立了区块链科技公司，加快推进区块链核心关键技术研究、公共服务平台构建。国网区块链科技公司基于自主研发的区块链底层技术服务平台，在新能源云、电力交易、优质服务、综合能源、物资采购、智慧财务、智慧法律、数据共享、安全生产、金融科技等十大场景，研究技术解决方案。在国家电网公司内，青海电力公司较早开展区块链应用研究，试点开展了基于区块链的共享储能商业运营与交易模式研究，并在积极打造基于云平台架构和区块链技术的青海统一电力市场交易数据共享业务平台。

第 **4** 章

电力物联网主要应用

4.1 提升客户服务水平

依据营配贯通后的数据分析，可实施更有效的停电管理、低电压分析、用户户变管理等，因此可提升客户服务水平。如何实现营配贯通，并做好贯通后的数据治理，对于提升客户服务水平有着重要的意义。

4.1.1 研究背景

长期以来，配网生产和营销业务管理相互独立，配电台区是生产和营销专业的交界点，生产和营销双方基于业务需要分别安装配变终端（TTU）和集中器，未建立业务融合和数据共享机制。用电客户信息和配网设备信息两头运维，无法保障系统与系统、系统与现场的一致性，造成客户资产及挂接关系不清，线损管理难度大、配网故障不能准确研判、95598 报修不能及时准确响应等问题。且生产、营销协同能力差，缺乏有效的监控方法，营配跨专业的流程不能高效衔接。

国网公司近年来开展营配贯通优化提升工作，目前营配贯通只注重系统之间数据的贯通，与物理世界存在着差异，运检及营销之间系统接口不稳定，系统之间业务流程、数据流不通畅。由于设备数据存在两个系统，缺失自动化与信息化融合的动态配用电信息，数据治理有待提升。

4.1.2 业务概述

低压配电网络拓扑关系是实现低压配电自动化的基础，其中低压配电台区的户变拓扑关系是营销、运检等业务的关键数据支撑。由于低压配电网络设备异动频繁，没有有效的技术手段支撑会带来大量的基础台账的维护、整改工作，同时也不能有效地保证供电质量的稳定性。目前低压配电台区配变台区电网络拓扑关系，主要依赖台区建设时留下来的拓扑资料，初始安装时需要人工录入档案，工作量巨大，后期如果出现设备更换或线路变化也需要人工录入更新。实际使用时也经常会出现录入错误或者更新档案不及时，导致现场实际配电网拓扑和主站显示的不一致。

由于低压配电网电缆、电线生产厂商众多，性能各异，无法提供标准户变关系标准样本，识别难度大。由于载波通信技术本身的局限性，识别拓扑关系本身存在过零台区的串扰问题，所以识别的准确率并不能真正满足实际的业务需求。低压配电台区的数据采集方式、通信方式、数据存储机制等并不统一，用户电压曲线和变压器电压曲线在时间轴上容易出现偏移，即数据丢失但不知道丢失的具体时间点，所以数据在时间轴上无法对齐。低压户表数据采集质量需要通过相关算法进行治理和提升。

针对以上问题和技术难点，通过分析宽带电力线载波（HPLC）载波过零点畸变信号及载波注册方式的特点，通过安装在配变侧的配电物联网智能终端在已知相位上分别向配变台区总表、分支开关、用户电表等低压配电网设备分别广播发送周期性 HPLC 配电台区识别信号，识别信号由"识别码""时间戳""相位信息"等字段构成，确保台区内户表接收并保存识别信息。配电台区低压设备经过过零点时间检测，识别相位后，通过 HPLC 向台区智能终端主动注册，智能终端保存注册信息，经过分钟级电压分别序列校验模型，并匹配总表、户表的电压相关性，对户变识别的正确性进行精准校验，解决共零台区串扰的问题，实现户变关系的自动识别、自动校核，动态构建清晰、完整、实时的户变关系网络拓扑。

基于设备采集物理世界的户变关系拓扑信息，与数字世界里户变关系校验比对，利用电压曲线相似度算法进行深度校验，自动生成户变关系异常清单，再通过配套的营配贯通现场采录及质量核查平台进行精准采集、核查设备及客户的档案数据、位置数据和拓扑数据，提升数据入口质量，全面支撑停电信息精准发布、同期线损精益管理等营配高级业务应用场景。

4.1.3　应用架构与技术架构

通过营配贯通现场采录及质量核查平台，实现基于营配数据的低压台区拓扑关系的实时分析及整治理响应，支撑现场数据采录校核工作的开展，实现问题数据的及时发现、及时治理、有效跟踪、迭代完善，支撑存量、新投设备数据采录及异常（动）数据治理的闭环管理，为低压配电网故障处理、线路迁改等多个专业部门提供量化分析，推动调控、运检与营销系统业务交互流程及管理规范的完善，全面提升数据治理成效。

营配贯通异常数据采录治理与校核应用总体技术方案如图 4-1 所示。

现场采集及质量核查 APP 应用主要功能分为手机 APP 及电脑端两部分内容。手机 APP 功能涉及高压客户，包括高压客户、专变、专线、线-变（专）；低压台

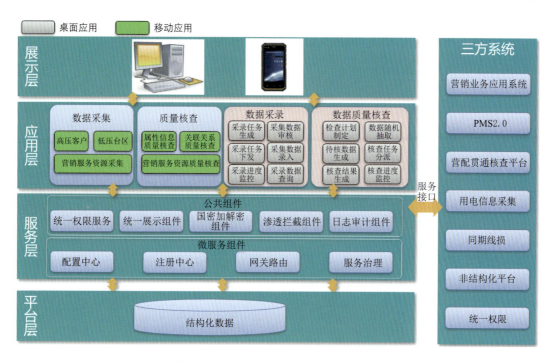

图 4-1 营配贯通异常数据采录治理与校核应用总体技术方案

区下相关信息：计量箱和低压客户信息的属性信息采集、变-箱和箱-户关联关系采集；营销服务资源：包括服务网点、充换电站、计量库房、充电桩和分布式电源和营销资源的质量核查。电脑端主要有采录数据及数据质量核查内容，采集数据分为采集任务生成、采录任务下发、采集数据录入、采集数据的自动校验、采集进度监控和采集数据查询功能，数据质量核查包含核查计划制定、数据随机抽取、生成待核数据、核查任务分派、核查结果生成和核查进度监控功能。

营配贯通技术架构如图 4-2 所示，现场采录及质量核查系统使用成熟的三层架构方案，前后端分离的方式，包含应用层、服务层、数据层。

（1）应用层：可支持 PC 端 WEB 系统和 Android App 客户端，实现用户界面和用户控件的渲染、布局，接收服务层的业务数据并进行数据展现，为用户提供功能操作入口。

移动端使用 Android 原生技术开发，使用 HTTPS 协议和 JSON 数据格式与服务层进行数据交互。

PC 端使用 WEB 浏览器作为客户端。基于 Vue.js 前端开发框架与 MVVM 模式，使用 HTTPS 协议和 JSON 数据格式，完成从服务层获取数据和用户界面、控件的渲染。

（2）服务层：通过网关路由向应用层提供其内部服务。通过 RESTful 接口形式，统一的数据总线，完成服务层内部服务间的调用，如系统基础服务、业务处理服务等。通过统一的第三方接口对接服务，完成与外部业务系统的集成，对接处理

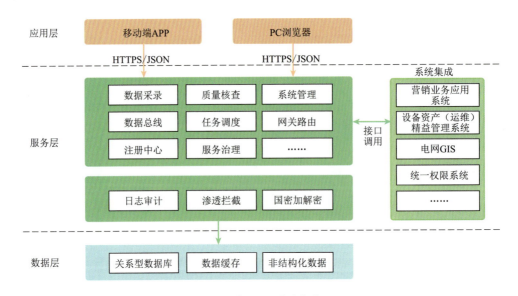

图 4-2　营配贯通技术架构图

等。通过集成日志审计、国密加解密、渗透拦截等组件，为系统安全提供保障。

（3）数据层：对数据源操作进行封装，支持对多种数据操的访问和操作，实现数据逻辑处理。对实际数据的对象化的定义，将实际数据封装为对象，对不同的数据来源进行统一的管理，使得服务层的操作更加简便。

4.1.4　应用场景

基于营配数据实现电网物理拓扑结构的实时化自动化分析，通过采录核查应用软件，提升现场采录及核查作业效率，提升数据入口质量。营配数据治理为营销系统户变关系档案的户变关系正确性清理提供依据，分析物理世界表计在营销系统中是否全挂接，分析营销系统中存在而物理世界中不存在的多挂表计现象，全面支撑停电信息精准发布、精益线损分析、故障研判等高级应用。

4.2　提升企业经营绩效

4.2.1　实物 ID 的应用

4.2.1.1　研究背景

电网企业是资金密集型和技术密集型企业，具有管理链条长、设备寿命周期长、实物变动与价值变动不一致等特点，给电网资产运行、维护与管理带来了极大压力。传统手工建账、建卡的方式导致固定资产实物管理与价值管理脱节，资产实际管理不到位，缺乏维护资产设备信息的一致性机制。

作为提升企业经营绩效的电网资产实物 ID 是基于物联网技术，将电网重要设备资产进行统一电子编码，实现信息完整可追溯、跨系统贯通、设备的全寿命周期管理。国网公司于 2017 年正式启动实物 ID 建设，充分利用"大云物移"等新技术，遵循微应用、微服务、云部署等新技术架构，积极开展业务实践应用，持续优化系统功能，深入总结提炼建设经验。截至 2019 年 10 月，完成主网 14 类、配网 2 类设备实现实物 ID 管理应用，累计完成 46 万余台新增设备、260 余万台存量设备赋码贴签，资产管理关键信息实现全过程贯通，为各专业深化应用打下了坚实的基础。2019 年国网制订实物 ID 建设实施方案，明确在"14＋2"类设备赋码实施基础上，按照"整站整线"原则，开展变电站交流一次设备、换流站直流一次设备以及输配电设备赋码贴签工作，并在 27 家省级电力公司部署应用，满足 8 类变电站交流一次设备、24 类换流站一次设备、9 类输电设备、3 类配电设备共 44 类新扩展设备的实物 ID 管理需求，实现了设备信息在资产全寿命各业务环节贯通共享。国网北京、冀北电力等 27 家省级电力公司完成电网资产统一身份编码（简称电网资产实物 ID）信息系统新扩展设备管理相关功能改造及上线，44 类设备实现电网资产实物 ID 管理扩展应用。这是继 14 类主网设备、2 类配网设备实现实物 ID 管理应用后，设备管理类型范围的再一次扩大，进一步夯实了泛在电力物联网建设基础。

4.2.1.2　实物 ID 主要实现方式

实物 ID 应用系统总体架构如图 4－3 所示。

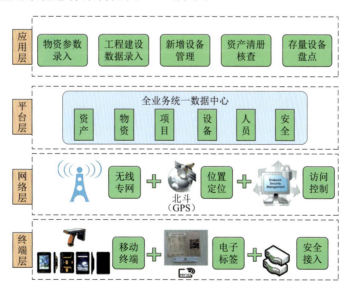

图 4－3　实物 ID 应用系统总体架构

实物 ID 应用系统主要包括实物 ID 标识、读写交互模块和应用管理系统等部分，目前工程应用较多的终端层实物 ID 标识根据应用场景要求分为：柔性可弯折系列、电网资产管理系列、柔性抗金属系列、电子互感器标签、电子式电能计量封签和杆塔标识牌等。实物 ID 应用系统主要电子标签分类如图 4－4 所示。

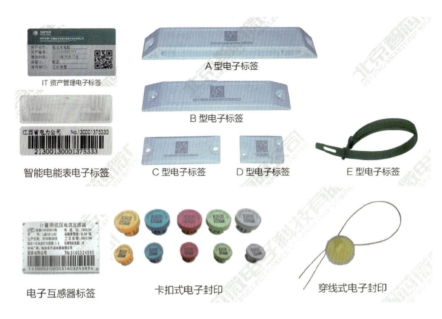

图 4-4　实物 ID 应用系统主要电子标签分类

4.2.1.3　建设应用

电网资产实物 ID 建设是公司加强资产全寿命周期管理的重大基础性工程，有利于整合内部资源，突破传统分段管理模式，强化资产的源头风险控制，提升设备采购质量。公司通过电网资产实物 ID 建设，推动资产全寿命身份编码的统一，实现电网资产在规划计划、采购建设、运维检修和退役报废全寿命周期内信息高效共享交互，提升资产管理水平。

实物 ID 建设应用应结合自身业务发展需求，以提升专业精益化管理为导向，充分发掘实物 ID 在提升资产全过程管理效率方面的潜在价值，开展资产管理各环节状态、成本、缺陷、供应商履约服务等各类信息的综合分析，辅助资产精准决策。针对跨部门、跨专业的薄弱环节，进一步强化专业协同，不断提升资产全寿命周期管理水平。在设备寿命方面，基于设备相关基础资料、历史运行数据、缺陷数据、状态评价数据及基于实物 ID 的成本分摊成果，建立设备故障率预测模型以及设备成本寿命分析模型，计算单体设备经济寿命，预测设备未来故障率及发生成本，全过程监测分析设备的采购运维费用、运行状态、使用寿命等关键因素，为电网规划决策、技改大修决策等资产运营策略提供优化模型和数据支撑。

4.2.1.4　应用场景

1. 规划专业应用

基于实物 ID，获取完整的项目投资、成本、收益等全方位的信息，量化分析电网运行现状，评估投资效果，指导电网规划，辅助投资决策。

2. 物资专业应用

优化物流体系，建立物资身份码的管理要求，融合实物 ID 标签，从供货商发货开始通过扫面实物 ID 标签进行物资位置、运输情况的记录，实现物流在途阶段位置管控，预估到货时间；为提高物资管理工作效率和库存准确性，在仓储环节基于实物 ID，通过手持终端进行物资到货后清点入库、入库后设备放置位置记录、库存盘点、移库、领料出库清点，并将终端采集的数据反馈至 ERP 系统；以实物 ID 为纽带，开展监造、抽检、出厂（到货）验收、安装调试、运行维护全过程质量问题的收集、处理、反馈及与采购模块联动的闭环管理，建立设备全寿命周期质量问题分析数据模型，对供应商的供货质量进行更加科学决策，提高物资供货质量，为后续招标提供更为科学的参考依据。

3. 基建专业应用

应用实物 ID，开展设备现场到货验收、安装、调试、竣工验收过程中的全信息记录、追溯，实现基建相关设备安装信息移交生产。

4. 运检专业应用

（1）实现运检现场作业数据采集、与生产业务系统快速交互。通过实物 ID 实现设备运行数据、试验数据、缺陷及处理情况等信息的录入，并完成数据的上传至 PMS2.0 系统。检修、试验过程中进行相关数据的调用，为检修作业提供数据基础，缩短资料查找时间，提高运维检修作业效率。

（2）无线专网与离线移动作业相结合。现场移动作业联合科信部应用无线专网，完成数据上传和下载。

（3）基于实物 ID 的电网设备大数据分析。基于实物 ID 建设成果，依托资产全寿命周期管理评估决策系统，从"寿命""成本""供应商"等维度，对电网实物资产进行全寿命周期的大数据分析。根据设备状态评价及缺陷分析、记录，通过设备的大数据开展综合分析，科学制定设备结果技改、大修策略，提高设备精益化管理水平。

5. 财务专业应用

（1）借助移动应用和物联网技术，实现基于实物 ID 的资产智能盘点。以资产为维度，实现账卡物一致性快速盘点校验，提高资产盘点效率，提升资产准确性。设备管理部门、财务资产部持移动终端进行设备、资产、实物的清点盘查，对系统中设备、资产与实物一一对应的自动进行标识，对无法对应的出具盘点处理意见联动 ERP 系统自动进行账务处理。

（2）利用实物 ID 完善全寿命周期成本归集与分摊机制，实现设备运维、检修和抢修费用自动分摊、归集。运用成本模型，对电网资产全寿命周期成本进行核算，利用核算数据结果对运维、检修、故障成本等进行深层次分析，对单体成本进行追溯分析，从而发现节支降耗点，制定措施进行改善，进一步实现设备维修成本的精细化管理。

6. 安全专业应用

作业安全是电力安全工作中的重要内容，风险管控是作业安全管理的重要内容之一。现场通过实物 ID 识别作业对象、作业人员和作业工具，实现安全作业过程中要素匹配，落实作业现场风险管控措施，可在很大程度上能够降低作业风险，提高作业现场安全管理水平。

4.2.2　资产全寿命周期管理

4.2.2.1　研究背景

探索资产全寿命周期管理，借助资产全寿命周期管理的理念和方法，对电力资产管理进行全面优化和完善，可以系统性地解决电力企业资产全寿命周期管理中存在的局限与不足。经过资产全寿命周期体系建设，建立成熟的 LCAM 评价体系，企业资产管理水平会有显著提高，但仍然会存在部分数据没有贯通，实物与资产对应混乱，业务流转操作不规范，账卡物不一致等问题，资产全寿命周期信息贯通仍存在"断"与"乱"的问题。"大云物移智"新技术的兴起，为企业资产全寿命周期管理解决"断"与"乱"的问题、实现管理突破提供了历史性的机遇。新技术应用可支撑实现账卡物一致，实现资产全寿命周期信息的全维度收集、全过程追踪、全方位共享，实现数据价值最大化。

有必要进一步深化资产全寿命周期管理：建立健全组织体系和工作机制，实现管理层级全覆盖。推进"电力实物资产统一身份编码"建设，推进资产信息共享、数据规范统一。加强资产运行状态全过程检测，开展采购成本、运维成本、使用寿命情况分析，优化资产运营策略，建立退出退役设备跨区域调配机制。

4.2.2.2　业务概述

规划管理方面，基于实物 ID，实现项目购置设备"招标采购—到货验收—现场安装—投产运行"全过程信息追溯，量化分析电力运行现状，评估投资效果，指导电力规划，辅助投资决策。

物资管理方面，以实物 ID 为纽带，实现 PMS2.0、ERP、ECP 等信息系统的贯通，支撑设备全寿命周期成本和设备制造监督、到货验收、安装调试、履约服务和运行维护等信息的综合分析和量化评估，为设备采购提供参考。

基建管理方面，实现设备现场到货验收、安装、调试、竣工验收过程中的信息记录、追溯，并在基建投运后将相关设备安装信息移交生产；梳理项目编码、WBS 编码、物料编码、设备编码和资产卡片之间的关联，规范项目 WBS 结构，完善设备验收清册管理要求，促进项目精准转资。

运检管理方面，实现现场作业数据采集、与生产业务系统快速交互，提高运维检修作业效率。运用历史运行数据、试验数据、缺陷等信息开展设备采购、运维质量以及运维成本综合分析，提高设备精益化管理水平。

财务管理方面，借助移动应用和物联网技术，实现基于实物 ID 的资产智能盘点；利用实物 ID 建立业财协同纽带，完善全寿命周期成本归集与分摊机制，实现单体设备运维、检修和抢修费用自动分摊、归集。在此基础上研究按照电力设备属性及用途构建资产组，基于实物 ID 纽带实现资产组的收入、成本等相关数据的计算归集，并实现基于资产组的投入产出分析。

资产全寿命周期管理管理方面，深化资产全寿命周期管理"三流合一"系统应用，以实物 ID 为纽带，实现资产从规划计划、招标采购、运行维护和退役处置的寿命周期全过程信息贯通，开展资产管理核心流程监测，结合电力资产实物 ID 编码试点建设及单体设备成本分摊研究成果，从设备成本、状态、供应商等维度，开展资产管理跨专业专题分析探索，持续提升资产管理水平。

4.2.2.3 应用架构与技术架构

1. 应用架构

电力资产实物 ID 应用信息化建设过程中，将对相关信息系统应用架构做出适应性调整：对 ERP、PMS 等现有业务应用系统进行改造，新增物资技术参数维护管理、工程建设数据录入等微应用功能，推进实物资产现场管理功能，并逐步推广至各专业设备管理系统。在此基础上，依托全业务统一数据中心数据分析域的相关功能，后续可深入开展实物 ID 在资产投资收益评价、质量问题溯源，以及资产监测工作中的应用研究，充分发挥实物 ID 建设价值。基于智能物联的资产全寿命周期管理应用架构可分为四个部分，分别是物联主站、移动应用平台、各业务应用系统、辅助决策主题分析中心，如图 4-5 所示。

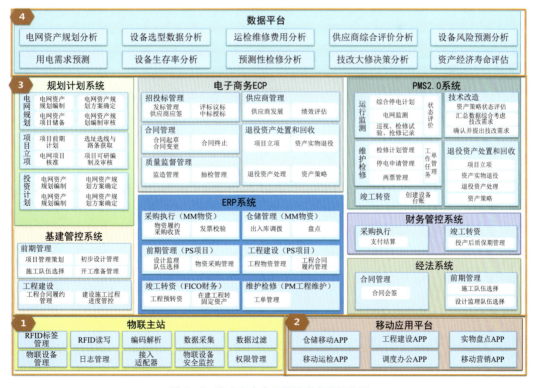

图 4-5 资产全寿命周期管理应用架构图

2. 技术架构

（1）整体架构。基础架构遵循"一平台、一系统、多场景、微应用"的整体技术规划，新增的功能采用微应用的开发技术要求，技术开发架构基于应用系统统一开发平台进行开发，基于一体化云平台进行部署。资产全寿命周期管理技术架构如图 4-6 所示。

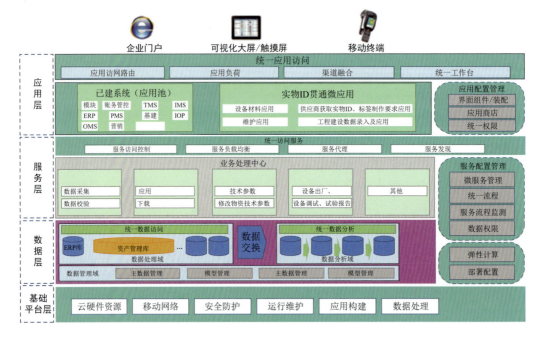

图 4-6　资产全寿命周期管理技术架构图

（2）数据访问。基于全业务统一数据中心架构要求，结合各单位现有系统与支撑资产实物 ID 的信息化微应用建设要求，在处理域访问技术方面，基于服务总线、消息中间件以及统一数据访问服务等技术实现实物 ID 建设相关业务数据库访问。基于处理域的数据访问技术架构如图 4-7 所示。

对于实物 ID 建设分析应用，遵照全业务统一数据中心分析技术框架整体要求，数据源采用定时抽取、同步复制、实时接入、文件采集等方式进行数据获取，并通过统一分析服务实现基于实物 ID 的资产全寿命周期专题分析。基于分析域的数据访问技术架构如图 4-8 所示。

（3）系统集成。系统间集成按照 ESB＋ODS 模式，全业务数据中心上线后，通过 ESB＋消息中间件实现业务应用间服务集成。系统集成方式如图 4-9 所示。

（4）技术路线说明。技术路线总体上严格遵循信息化建设架构规范的要求，实现对公司开发平台资源的有效继承与复用，整体采用典型的 J2EE 架构和关系型数据库，并基于开发平台进行开发。总体技术路线选型见表 4-1。

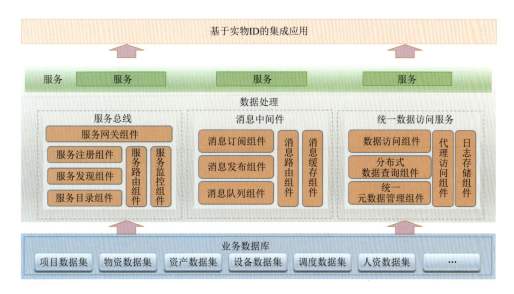

图4-7 基于处理域的数据访问技术架构示意图

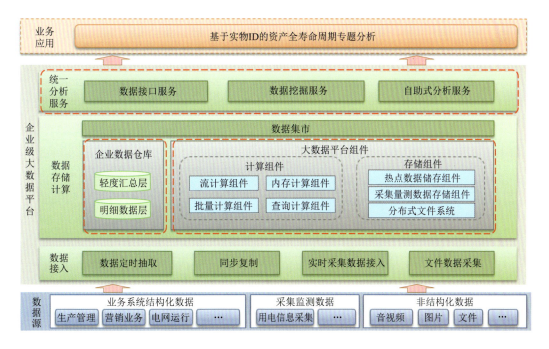

图4-8 基于分析域的数据访问技术架构示意图

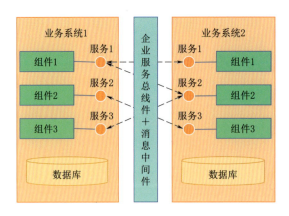

图 4 - 9　系统集成方式

表 4 - 1　　　　　　　　　　　　　总体技术路线选型表

分　类	选型原则
技术路线选型	总体遵从 SG‐ERP 架构规范，采用 SG‐UAP3.0 开发平台进行开发。选择 JavaEE 技术规范
部署模式	采用二级部署模式
应用模式	B/S
中间件	自主可控应用中间件
数据库	自主可控的数据库
技术框架	J2EE 相关技术框架微应用技术框架（JavaEE 规范采用 5.0 以上版本，JDK 支持 jdk1_8_XX，及高于 1.8 版本的 jdk，应用服务器采用 jetty9.X 版本）

遵循的技术标准见表 4 - 2。

表 4 - 2　　　　　　　　　　遵 循 的 技 术 标 准 表

分类	标准/规范	说　　明
访问服务	JDBC2.0 或以版本	用于后台数据库的访问
展现服务	HTML4 以上	用于静态 WEB 页面
	HTML5	用于手机 APP 动态页面
	JSP2.0 以上	用于动态 WEB 页面
	AJAX3.0 以上	用于 WEB 页面交互
	ExtJS2.2	用于创建并美化前台用户界面

　　（5）部署设计。对于改造功能，保持原有部署模式不变；对于新增的微应用采用二级部署方式，部署在国网云平台，利用云服务管理中心进行应用管理。

系统部署共分为三部分，包括外网微应用、PC 内网和 PC 外网，总体部署如图 4-10 所示。

外网微应用不需要在 DMZ 区配置单独的前置服务器，所有的客户端请求由接入服务器转发到外网服务器，在 DMZ 区不需要额外的前置服务器资源。外网服务在部署时，数据源配置为隔离装置的配置信息。

PC 内网部署经过统一认证服务器的单点登录和用户验证，Web 内网服务器处理请求，从数据库服务器取数据或者调用总线服务请求 ERP 取数据，返回给内网 Web 终端。

PC 外网部署采用前置 WEB 服务器负责处理 http 请求，查找分发相应的资源，并且对并发请求进行负载均衡；统一认证服务器负责单点登录和用户验证。

4.2.2.4 应用场景

物资专业，以实物 ID 为媒介，关联合同签订、生产制造、运输配送、到货验收、生产运维、物资报废等环节业务信息，应用于招标采购、物资质量抽检工作，提高物资供应全过程可视化管理，加强工程物资产能运能统筹，实现实物资产智能盘点、智能仓储建设、应急物资快速匹配。

基建专业，构建变式模板，以实物 ID 编码为索引，贯通设备的安装调试、交接试验、预防性试验、特性试验等报告的结构化数据。优化工程数据填报入口，通过语音、OCR 图像识别数据转换、离线导入等自动化录入方式，减少数据重复生产和录入，完善工程项目数字化档案管理，推进标准设备验收清册管理，实现变电设备台账自动创建。

运检专业，将实物 ID 与输变电运检等移动应用融合，实现扫码快速调阅设备台账、设备履历（缺陷、故障、检修记录）等运行数据信息，实时登记设备在运行过程中发现的缺陷、隐患问题，提升现场工作效率。开发同 PMS2.0 系统的检修数据接口，在变电站现场工作中，通过扫描设备的实物 ID 可获取该设备的物理参数、运行规定、巡视标准、现存缺陷、检测记录、抄录数据、GPS 坐标、设备照片、应急预案等信息，以便快速查看设备履历信息，有效指导检修作业。

财务专业，结合实物 ID 应用，优化财务智能盘点功能应用，推动各关键节点的信息贯通，实现资产全过程的实物流、价值流及信息流三流合一；推动调拨、退役业务与财务的有效智能集成，实现调拨、退役资产的信息追溯查询。

调度专业，借鉴一次设备建设成果，开展二次设备实物 ID 赋码贴签研究，通过在安装环节申请调度命名，保障实物 ID、设备台账、调度命名同步性、实现了从源端的数据共享，强化 OP 互联机制，统一由 PMS2.0 创建设备台账同步生成 OMS 台账。

4.2.3 智慧后勤

4.2.3.1 研究背景

后勤管理工作在企业发展中起着非常重要的作用，为企业能够高效、有序运转

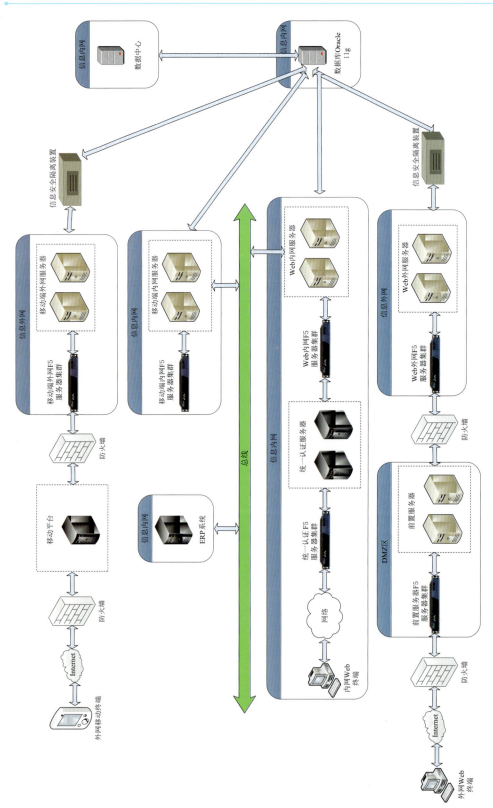

图 4-10　系统总体部署示意图

提供基本保障。后勤管理工作具有管理范围广、管理内容繁杂、管理业务分散等特点。随着现代企业的不断发展，传统的后勤管理模式已严重制约后勤业务管理效率及服务保障质量提升，亟需通过引入大数据、云计算、物联网、移动互联、人工智能等新技术，建设覆盖后勤全业务、管理集约化、资源可视可控、决策智能的智慧后勤体系，实现企业后勤工作"泛在感知、数据贯通、平台统一、智慧应用"，推动后勤业务创新发展。构建一体化的后勤管理体系有助于实现高效集约的统一管控，打破过去各单位后勤业务管理分散、员工服务手段单一、后勤管理封闭运行的模式，加快转变服务模式，对后勤业务应用进行整体规划，逐步解决后勤业务管理分散、后勤业务运行无法全景可视、跨单位、跨业务联动响应机制匮乏等问题。

4.2.3.2　业务概述

结合后勤工作管理需求，以"智慧后勤泛在物联＋边缘计算"为核心思路，充分融合泛在物联网、边缘计算、移动互联等创新技术，全面建设"1＋N"的智慧后勤体系，构建面向领导层、管理层及用户层的全面智慧后勤生态体系，促进后勤管理工作向精细化、科学化、智能化方向发展。其中，"1"为后勤智能保障平台，"N"为后勤支撑子系统。后勤智能保障平台业务包括四大业务中心，分别是业务管理中心、服务保障中心、物业监控中心和智慧决策中心。后勤支撑子系统是为了实现对具体设备的管理，进行边缘计算，减少响应时间、减轻网络负载。平台建设需子系统支撑，由"1＋N"的架构整体实现后勤业务全面感知、数据统一接入、智能分析处理、智能化应用的目标。

1. 业务管理中心

业务管理中心定位服务于后勤管理人员，是后勤业务的集约化管理中心。业务管理中心以GIS、实物ID、互联网＋等多种新技术为主要依托，实时、准确、透明获取后勤管理信息，对后勤资源进行有效管理与价值反映，助力后勤精益管理体系变革。业务管理中心通过资产管理、房产管理、工程管理、车辆管理、应急保障管理五个后勤业务管理子系统，实现后勤管理业务全域覆盖、全程可控。

资产管理对后勤固定资产、设备设施等实物资产进行分类归集、统一赋码，形成后勤"资源池"，贯通资产全寿命周期，实现资产精准管控、互联互通。

房产管理对非生产性土地、办公用房、周转房、承租房等后勤房地资源进行可视化、图形化、数据化管理，构建后勤房地资源一张图，"以图管房"，实现房地资源的统一管理、监控、调配。

工程管理强化现场及施工过程管理，借助各类物联网感知设备和新型工程现场管理手段，对现场数据进行智能化采集、智慧化管理，满足工程现场的人员、环境、安全、设备、质量的全方位管理需求。

车辆管理构建公务车辆管理信息资源池，强化车辆购置、运行、报废全流程业务与价值的精准联动，有效支撑公务车辆资产全寿命周期精益化管理。

应急保障管理以资源管理为中心，整合公司内外部资源，面向重大活动、重大工程建设及突发事件提供餐饮、物业、住宿、交通、物资、医疗等全面的后勤保障活动，确保保障过程规范、信息共享，做到保障需求快速响应，精准有力。

2. 服务保障中心

服务保障中心定位服务于公司内部员工，是"全流程、全场景、体验好、精度高"的互动式保障中心，依托移动互联、人脸识别、移动支付等技术，采用线上线下相结合的方式，打造"指尖上"的后勤微服务，涵盖后勤 E 账户、便捷出入、办公服务、智慧食堂、智慧出行、健康服务六个服务保障模块，切实增强员工的幸福感和获得感。

后勤 E 账户统筹员工"实体卡、虚拟卡、面部信息"及个人相关信息，支持员工门禁、支付等多种身份验证需求和跨单位异地通行、异地就餐等功能，实现全网信息互联。

便捷出入结合人脸识别技术实现出入智能化管理，包括门禁、访客等，通过现场自助登记、移动预约等方式进行访客业务办理，便捷访客出入，满足安全管理需求。

办公服务从入离职服务链各个维度实现周转房、办公用房、工位分配，办公设备、办公用品领用服务等业务的"一站式"服务保障。

智慧食堂具备原料进销存、外卖预定、网上商城、就餐结算等食堂核心业务功能，通过线上订餐、异地就餐、野外配餐，解决外出办公、工程施工、事故抢修、节日值班等就餐问题。

智慧出行实现公车出行服务在线申请、审批、派车、接单和评价全流程管控，规范公务出行。集成社会化车辆服务资源，实现公务车辆、社会车辆统一受理、智能接单、按需分配，为员工提供更加多样化的便捷出行服务。

健康服务为员工提供健康指导、营养分析、饮食建议，提高健康管理水平。探索引入外部健康资源，满足员工医疗信息查询、医生预约等需求。

3. 物业监控中心

物业监控中心定位服务于物业人员，是后勤物业管理、服务的全面监控中心，主要包括物业管理、智能安防、楼宇智控和智慧消防，实现对后勤物业资源实时状态的全面监控及分析，规范物业服务保障业务流程。

物业管理通过工单形式，实现物业人员和物业服务的数字化管理，实现对秩序维护、工程维修、客服、保洁、绿化等物业各部门人员的可管、可查和可追踪，实现楼宇日常安全防护、设备故障维修与日常巡查等服务管控。

智能安防引入人脸识别、结构化分析、行为分析等智能视频处理分析技术，开展智能终端部署，利用 AI 智能终端布控方式取代传统的人工布控的方式，由被动监控向主动监控方式转型，实现视频监控与周界报警、消防系统的联动报警等智慧视频应用，支撑黑名单人员预警、以图搜图、轨迹追踪，全面提升各地园区安防管理水平。

楼宇智控通过将暖通新风、给排水、电梯、安防、供配电、照明、综合能源和楼宇辅助等楼宇设备设施系统集成接入平台，同时对接外部资产管理、人事管理、物业管理等系统。对楼宇内设备设施，楼宇环境，内外人员实现全方位的监控、管理和服务，并可实现信息和数据的跨系统整合、流动，从而实现统一平台系统联动、信息共享。

智慧消防通过火灾自动报警系统，独立烟感、电气火灾、水压、水位等多种物联传感器，视频监控分析系统，以及消防检查、设备巡检等多种手段全方位监控各个院区的消防安全。

4. 智慧决策中心

智慧决策中心定位服务于后勤管理决策人员，实现后勤业务辅助决策。智慧决策中心广泛应用大数据技术，充分应用神经网络、支持向量机等数据挖掘方法，结合后勤实际应用场景，面向小型基建项目管理、后勤盘活闲置房产资源、后勤服务保障等业务领域，开展分析、预测、优化等工作，提供精准投资、价值分析、智慧决策等高级应用功能，实现数据价值的深度挖掘，切实提升后勤管理的运营感知分析能力，推动服务精细化、投资精准化和管理精益化。

4.2.3.3 应用架构与技术架构

智慧后勤体系由"1＋N"组成，"1"为统一部署的后勤智能保障平台，"N"为后勤支撑子系统。

后勤智能保障平台广泛应用"大数据、云计算、物联网、移动互联、人工智能"等新技术，建成以后勤设备物联管理平台为基础，以后勤数据中心为支撑，以四个智能化业务应用中心为核心的平台，实现后勤工作"泛在感知、数据贯通、平台统一、智慧应用"。

后勤支撑子系统是为了实现对具备设备的管理，进行边缘计算，减少响应时间、减轻网络负载。后勤支撑子系统按需建设、接入平台。

后勤智能保障平台总体架构图如图 4－11 所示，包含感知层、网络层、平台层和应用层。感知层为后勤支撑子系统；网络层为前端设备与平台通信的技术；平台层分为后勤设备物联管理中心和后勤数据中心；应用层的业务应用是平台的核心内容，分别以管理人员视角、物业人员视角、员工视角形成业务管理中心，服务保障中心，物业监控中心，智慧决策中心四大业务板块，具备多种交互方式包括后勤统一门户网页和移动应用 APP，满足全渠道、全方位的业务需求。

后勤设备物联管理平台实现后勤设备的泛在物联、统一管理。向下实现终端接入和标准化，向上支撑平台共享，实现数据和业务融通，实现跨设备、跨平台的数据融合。后勤设备物联管理平台通过对终端硬件的直接管理，可减少各级智能子系统的数量。后勤设备物联管理平台架构如图 4－12 所示。

后勤数据中心依托企业数据中台，为后勤各领域、各应用提供数据共享和数据分析服务，从"管好数据"和"用好数据"两个方面，实现后勤业务数字化运营、

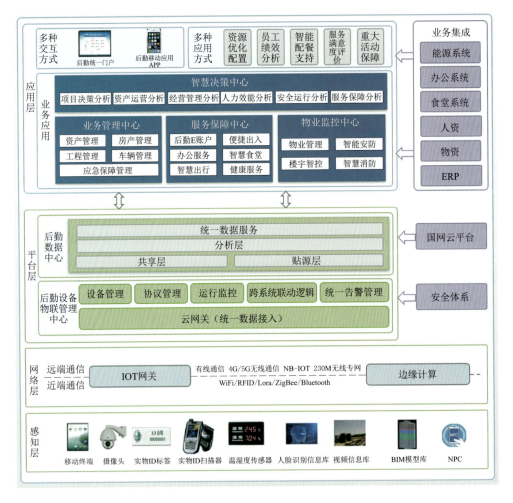

图 4-11   后勤智能保障平台总体架构图

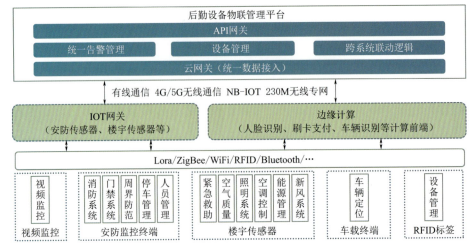

图 4-12   后勤设备物联管理平台架构图

智慧化运营。后勤数据中心采用公司和各单位两级应用建设方式。公司后勤数据中心主要接入一级部署系统数据，按需接入各单位业务归集数据，按需下达一级部署系统数据至各单位；各单位后勤数据中心接入和存储各单位业务数据和物联设备数据。后勤数据中心架构如图4-13所示。

图4-13   后勤数据中心架构图

4.2.3.4   应用场景

面向后勤管理人员、公司内部员工、物业人员构建业务管理中心、服务保障中心和物业监控中心。通过资产管理、房产管理、工程管理、车辆管理、应急保障管理满足后勤管理人员需求，实现后勤管理业务全域覆盖、全程可控，助力后勤精益管理体系变革。通过后勤E账户、便捷出入、办公服务、智慧食堂、智慧出行、健康服务六个服务保障模块，为员工提供"全流程、全场景、体验好、精度高"的互动式保障中心，切实增强员工的幸福感和获得感。通过物业管理、智能安防、楼宇智控和智慧消防，服务于物业人员，实现对后勤物业资源实时状态的全面监控及分析，规范物业服务保障业务流程。

4.3   提升电力安全经济运行水平

4.3.1   智慧变电站

4.3.1.1   研究背景

为积极响应公司电力物联网建设，提高变电安全水平，提升变电运检质量，增加变电运维效益，设备部会同国调中心在智能变电站完善提升（第三代智能变电站）研究基础上，进一步完善技术方案（二次方案由国调中心提出），共同提出了"电力物联网智慧变电站"试点建设思路。智慧变电站应用通过聚焦人工智能技术与电力物联网技术深度融合，以智慧变电站一体化平台（变电站边缘物联代理平台）部署应用为核心，提升变电站"状态全面感知、信息互联共享、人机友好交互、设备诊断高度智能"能力，完成变电设备巡检图像识别、红外图像识别、声纹识别、仪器仪表状态识别、现场作业人员行为分析、变电主设备运行工况综合诊断知识图谱等人工智能算法模型的集成封装并持续完善，通过与电力物联管理平台、PMS2.0、综合自动化等系统的横向集成与纵向贯通，打造智慧变电站现场作业层智能替代、业务管控层集约高效、指挥决策层精准穿透的"云、边、端"一体化场景应用体系。

4.3.1.2　业务概述

智慧变电站解决方案立足于电力企业"智慧变电站"试点建设思路与要求，结合"电力设备物联网体系架构"，聚焦人工智能技术与泛在电力物联网技术深度融合，综合运用物联感知、大数据分析、激光雷达等先进技术，对变电站设备状态参量、安防、消防、环境、动力等信息进行全面采集监控，以智慧变电站一体化平台为核心，提升变电站"状态全面感知、信息互联共享、人机友好交互、设备诊断高度智能"能力，转变运维模式与记录方式，实现变电站运维检修现场作业层智能替代、业务管控层集约高效、指挥决策层精准穿透，并以电力资产统一身份编码为纽带，建设状态全面感知、信息互联共享、人机友好交互、设备诊断高度智能、运检效率大幅提升的智慧变电站。

4.3.1.3　应用架构与技术架构

智慧变电站电力设备物联网体系，如图 4-14 所示，自下而上划分为传感器层、数据汇聚层，其中传感器层由各类物联网低功耗、微功率传感器组成，实现状

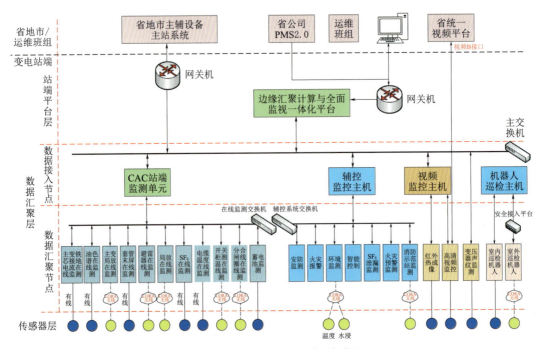

图 4-14　电力设备物联网体系架构图

态量采集、就地预处理以及简单的边缘计算业务，并通过 LoRa 窄带物联网组网方式将数据上传至数据汇聚层。数据汇聚层由接入节点、汇聚节点这两个标准化的网络节点进行多态组网，实现传感器数据汇聚并上传至站端平台层，站端平台层部署"智慧变电站边缘汇聚计算与全面监视一体化平台"，实现"变电主辅设备全面监视""高清视频与机器人联合自动巡视""倒闸操作一键顺控双鉴确认"等业务应用，充分运行图像识别、声纹识别、主设备故障诊断及状态检修决策算法库模型库/知识库的平台化构建，以人工智能服务引擎服务方式支撑变电设备巡检缺陷、红外图像识别、声纹识别、多维融合分析及状态检修辅助决策。

"智慧变电站"解决方案建设内容按照电力物联网技术框架，如图 4-15 所示。感知层针对变压器、GIS 组合电器、开关柜及辅助设施新增在线监测传感装置、巡检机器人、智能远程控制装置并实施变电设备实物 ID 赋码贴签；网络层开展有线网络的适应性改造以及 Lora、5G 无线传感/传输网络建设；平台层建设智慧变电站一体化平台；应用层实现变电设备远程自动巡视、故障识别、趋势预警及联动分析处置等功能，预留"能力扩展坞"提供迭代的产品化解决方案支撑，打造"设备安全、人员安全、环境安全"三位一体变电运维精益化管控能力。

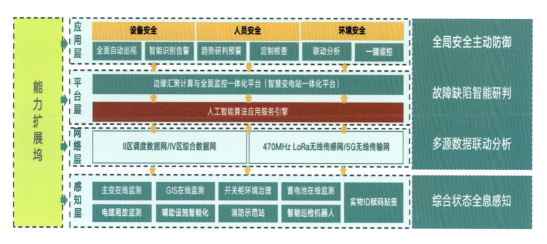

如图 4-15 电力物联网技术框架图

4.3.1.4 应用场景

智慧变电站项目建设面向日常巡视、带电检测等业务应用场景，加强应用能力建设，转变运维模式与记录方式，切实为一线班组减负，充分体现输变电物联网建设的先进性与适用性，提升变电运检工作的精益化管理水平。

（1）实现主辅设备的全面监视。采用先进物联传感技术及装置对变电站设备状态量、电气量、环境量进行实时采集，实现主辅设备的全面监视。

（2）实现现场巡视的智能替代。以变电站高清视频与机器人联合自动巡视为核心，综合主辅设备各类传感监测装置，自动实现 70% 全面巡视及 100% 例行巡视预置位的覆盖，提升巡视频度，降低现场巡视工作量。

（3）实现故障缺陷的智能研判。通过站端高清摄像机综合布点的扩容性改造，针对设备本体缺陷、表计进行智能识别，结合一二次设备在线监测装置，实现设备故障缺陷的自动识别，并持续跟踪设备异常状态演进趋势，实现基于大数据分析的研判预警，全天候不间断主动推送预/告警信息并生成现场消缺任务工单，推动变电设备状态检修工作管理水平再上新台阶。

（4）实现作业现场的安全管控。采用高清视频摄像机与激光雷达布控技术与装置，实现针对于作业人员入场身份鉴别、作业安措落实到位情况、高风险带电安全区域、作业许可区域边界控制的安全布防与智能告警应用，提升变电站作业现场人员安全风险防范能力。

（5）实现异动触发条件下的联动处置。基于站端各类传感装置监测数据，当出现触发性告警信息时，能够主动关联异动设备相关监测状态量、信号量实现综合性分析研判，并实现摄像机、照明、空调、风机等辅助设施的响应性联动处置。

（6）实现记录方式的优化转变。以"变电五通"规程为标准，严格参照全面、例行巡视标准作业记录卡，通过应用系统设置自动巡视任务实现预置点位巡视记录的自动填报；实现全站保护装置定值、压板状态、切换把手位置信息的自动导出、识别比对、自动填报与异常告警，大幅减低一线运维人员人工作业工作负担，提升运维管理效率与精益化水平。

4.3.2 输电线路在线监测

4.3.2.1 研究背景

输电线路是电力系统的重要组成部分，担负着电能输送和电能分配的任务，其运行状态直接决定着电力系统的安全稳定，保障输电线路安全对经济社会发展和居民生产生活至关重要。

输电线路按结构形式可分为架空输电线路和地下输电线路。前者一般承担远距离高压电能传输，由线路杆塔、导线、绝缘子等构成，架空布设；后者则主要用于城市内的电力输送，一般敷设在地下或水下的专用沟道内。4.3.1 中提到的输电线路监测主要指架空输电线路（以下简称"输电线路"）的在线监测。

随着近年来输电线路逐年增长，受大气候和微地形、微气象条件的影响，线路故障诱因增加，输电线路冰害、山火、舞动、雷击事故等时有发生。由于输电线路广泛分布在平原及高山峻岭，直接暴露于风雪雨露等自然环境之中，在电、热、机械等长期负荷作用下会引起老化、磨损，性能下降，可靠性降低，进而危及电力安全运行。同时，由于输电线路常常需要跨越山川河流，所处环境地形复杂、环境恶劣、人烟稀少、交通不便，当野外线路发生故障时抢修难度较大，电力系统的安全稳定运行受到严峻的挑战。因此，对输电线路本体及其周边环境进行实时监测，将线路故障隐患消除于萌芽状态显得格外重要。

传统的输电线路监测一般采用人工巡检的方式，巡线周期长、效率低、受天气影响大且时效性不足。目前，迫切需要应用各类传感、遥感及新一代信息技术，全面建设输电线路在线监测系统，对输电线路本体及周边环境进行全方位在线监测与故障识别，实现线路各环节状态全面感知、信息高效处理、设备互联互通与异常实时告警，大幅提升输电线路安全稳定运行水平。

4.3.2.2 业务概述

输电线路在线监测系统是智能电力输电环节的重要组成部分，其利用分布在输电线路不同地点的传感器，对输电线路通道温度、湿度、风速、风向、泄漏电流、覆冰、导线温度、风偏、弧垂、舞动、绝缘子污秽、周围施工情况、杆塔倾斜等状态信息进行实时监测，通过微功率低功耗传感网、链状多跳组网及物联代理等方式实现信息互联及融合，利用大数据、云计算、人工智能等新一代信息技术实现输电线路状态主动评估、智能预警、故障识别及精准运维，是实现输电线路状态运行、检修管理、提升生产运行管理精益化水平的重要技术手段。

常见的输电线路在线监测主要包括以下几方面内容：

1. 微气象监测

微气象监测主要对输电线路走廊微气象环境数据进行在线监测等，对所测监测点温度、湿度、风速、风向、气压、雨量、光辐射等气象数据进行处理分析。通过定期数据传送，使线路技术人员根据数据曲线能及时掌握线路运行环境的气候变化规律，以便采取相应的措施防止线路发生停电事故。

2. 图像视频监测

图像视频监测是对输电线路周边状况及环境参数进行全天候监测，使输电线路运行于可视可控之中。通过在输电线路的危险点上、突发事故点和相关监测点上安装图像视频监控装置，或利用巡检机器人、无人机等实时采集输电线路视频或图片，并通过无线网络定时定点向监控后台发送，可实时掌握输电线路本体及周围环境的实时状况，针对性地进行线路故障图像识别、线路防外破监测、绝缘子污秽监测、山火监测、植被生长监测等。

3. 覆冰监测

输电线路覆冰对线路的危害有过负荷、覆冰舞动、脱冰跳跃、绝缘子冰闪等，容易造成杆塔倾倒、导地线断股或断线、金具和绝缘子损坏、绝缘子闪络等事故。传统的覆冰监测主要是利用拉力传感器、导线弧垂、视频图像等监测输电线路的覆冰（雪）情况。新一代覆冰监测结合了分布式光纤传感技术，利用 OPGW 光缆作为分布式传感器，通过布里渊散射效应，实现对 OPGW 光缆沿线任一点的应力及温度的精准测量，并通过覆冰模型计算导线覆冰状况及发展趋势，对导线覆冰情况进行及时的预警和报警，有利于采用更有效的防冰除冰措施减少线路冰害。

4. 微风振动监测

输电线路的微风振动容易导致导线疲劳断股、金具磨损，严重时会引发断线、倒塔事故。微风振动监测利用振动传感器获取微风振动信号，对运行中的架空高压输电导线受微风影响产生微幅振动的频率和幅度进行实时采集和分析，使检修人员及时掌握导线微风振动情况，为线路防振、减振设计提供科学依据，减少经济损失。

5. 舞动监测

输电线路舞动是一种低频大振幅的运动，输电导线在受到外界风力以及不均匀覆冰的作用时会发生舞动，主要表现为舞动幅度的变化，即输电导线在不同方向的位移变化，包括水平位移和垂直位移。舞动监测能实时在线监测输电线路舞动的幅度变化，可及时对输电线路舞动做出预警，并采取相应的防舞动措施，减小舞动给输电线路系统带来的危害。

6. 导线温度监测

导线温度监测是利用高精度的温度传感器，在线路导线或导线最低点选择安装点，在线采集和统计导线运行温度。当各温度监测点温度超过预设值时即刻启动报警，同时分析导线温度随气象条件、导线动态增容随导线温度的变化关系，为线路运行检修提供依据，监控导线温度温升变化趋势推算金具温度变化状态，提出测温特巡建议。

7. 导线弧垂监测

输电线路弧垂是架空输电线路设计和输配电力络正常运行的关键参数，关系到线路运行的安全，必须控制在设计规定的范围内。由于线路承载的负荷以及线路所处环境条件（温度、湿度、风速、风向等）的变化会造成线路弧垂的变化，通过输电线路弧垂监测，检修人员可随时了解线路弧垂的变化情况，及时采取措施保证弧垂在规定范围内，保障电力安全稳定。

8. 风偏监测

风偏监测利用倾角传感器获取风偏角，能实时监测绝缘子串的风偏角，系统可根据绝缘子串的风偏角和杆塔基础数据计算出和杆塔之间的空气间隙，当风偏角较大或者安全间隙接近或者小于阈值时，实现预警和报警，有效防止风偏闪络故障的发生。对于经常因风偏影响发生跳闸无法实现重合闸故障线路，通过 24h 不间断监测，找出风偏放电的直接原因，可为输电公司制定防风偏巡检计划提供理论依据。

9. 杆塔倾斜监测

杆塔倾斜监测即通过杆塔倾斜传感器采集杆塔横向倾斜、纵向倾斜、复合倾斜等数据，并结合杆塔自身设计参数进行处理分析，完成杆塔倾斜的多参数预警，可实现杆塔倾斜发展趋势预测，在达到告警阈值时及时采取有效措施，是矿井开采及雨水冲刷地区防止由于杆塔倾倒而引起倒杆断线事故的一种有效手段。

4.3.2.3　总体架构

输电线路在线监测总体技术架构分为感知层、网络层、平台层和应用层，如图 4-16 所示。

1. 感知层

感知层由安装在输电线路上用以获取线路本体、通道环境和状态参数的传感器

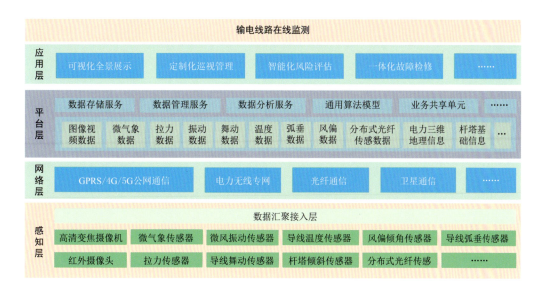

图 4-16 输电线路在线监测总体架构

及数据汇聚装置组成,分为传感器层与数据汇聚层两个部分,为实现输电线路状态全面感知提供传感信息的采集与汇聚。

2. 网络层

网络层包括用以数据传输的 GPRS/4G/5G 公网通信、电力无线专网、光纤网等通信通道及相关网络设备组成,可为输电线路在线监测系统提供高可靠、高安全、高带宽、低延迟的数据传输通道。

3. 平台层

平台层利用大数据、云计算、人工智能等新一代信息技术实现多源异构数据开放式接入及海量数据存储分析,提供各类数据接口、通用算法模型与业务共享单元。

4. 应用层

应用层包括输电线路在线监测系统各子系统,基于平台层的数据接口、算法模型与业务共享单元的标准化调用,按需实现输电线路可视化全景展示、定制化巡视管理、智能化风险评估、一体化故障检修等业务应用,保障输电线路的安全可控。

4.3.2.4 应用场景

1. 输电线路"三跨"区段

输电线路"三跨"区段是指架空输电线路跨越高速铁路、跨越高速公路和跨越重要输电通道的区段。高速铁路、高速公路和被跨越的其他重要输电线路均属于国家重要公共基础设施,一旦"三跨"区段的输电线路发生严重故障将可能威胁到人民群众的生命安全。"三跨"区段的运行安全是输电线路监控的重中之重,输电线路在线监测系统广泛应用在各重点线路的"三跨"区段。

2. 自然灾害易发区段

山火、覆冰、强阵风、台风等自然灾害易发区段也是输电线路监控的重点应用场景。树木茂盛空气干燥地区易受闪电影响发生山火；入冬或初春季节，气温在 $-5\sim0℃$ 之间，风速在 $1\sim15m/s$ 时，如遇浓雾、降雨等相对湿度较高的情况，易发生覆冰灾害，除此之外还有强阵风、台风、地震等自然灾害都会给输电线路造成严重危害。因此，自然灾害易发区域均应布置本系统，在自然灾害直接或间接影响到电力时，第一时间发出预警或报警。

3. 地质及植被环境复杂区域

在地质环境复杂的区域，输电线路在设计建造时会有额外的强化设计，但仍可能遇到累积性沉降导致的杆塔轻微位移及倾斜等情况，如矿井开采及雨水冲刷地区容易发生杆塔倾倒而引起的倒杆断线事故。同时，当输电线路在森林等区域穿越时，长年累月的树木生长也容易对输电通道产生严重影响。此类区域应当部署本系统，通过长期的监测积累数据，在保障线路安全运行的同时，也为未来的输电线路设计提供更加丰富的数据参考。

4. 自然气候恶劣、偏远不易到达区域

线路巡检人员在巡检自然气候恶劣及偏远地区的线路时，体力消耗很大，在遇到突发暴雨、暴雪等意外时，人身安全也将受到威胁。在此类区域部署本系统可极大减小巡检人员的劳动强度，降低安全风险，提高巡检效率，最终提高线路的整体运行安全水平。

未来，输电线路在线监测系统将逐步覆盖 110kV 及以上的全部输电线路，逐步实现数据横向跨专业共享、纵向跨层级按需获取，深入挖掘输电线路状态感知、热稳定限额预测、自然灾害监测预警、运行监测等数据价值，积极构建输电线路共享互联生态圈，全面实现输电线路整体的数据管理全景化、运行状态透明化、诊断决策智慧化和设备修复高效化，持续推动输电管理向智慧输电跨越升级。

4.3.3　智能配电站房

4.3.3.1　研究背景

为深入贯彻习近平总书记"四个革命、一个合作"能源安全新战略，顺应能源革命和数字革命融合发展趋势，打造能源互联网。认真落实能源互联网各项工作部署，加快推进能源互联网综合示范建设，坚持基层首创精神，通过技术创新自下而上，开展体制机制创新，发挥数据应用价值、运用现有数据服务基层，服务管理，服务决策，实现在安全管理、优质服务、经营管理和管理效益方面"四个提升"。

4.3.3.2　业务概述

利用在电力行业强大的资源协调能力和标准制定能力，建设配电房运维管理赋能平台、配电房设备全感知体系，探索建设智慧物联体系，包括配电房运维管理赋能平台、边缘物联代理、环境物联感知、保电安防系统、全景交互展示系统。采集

配电房环境温湿度信息、烟雾探测器、巡检手动报警信息、配电房水浸信息、电缆沟水位信息、环境参数等，结合轨道机器人巡检实现红外热成像测温和局放在线监测、生物识别安防系统、视频安防监控，对配电房基本环境信息的全面采集和感知。依托数字孪生技术，打造虚拟配电房，开展运行数据管理分析，实现对异常事件的及时掌握和处理，反馈到空调设备开启运行，以及控制配电房轨道机器人进行定点巡检，保障电力系统安全可靠运行。通过配电房设备全感知体系建设，以期达到降低配电房日常巡检成本，提高维护效率，缓解电力基础设施保障的压力，实现精细化和动态管理，及时准确反映电力设备的运行状态、环境状态，实现对用户配电房数据感知、分析、决策和反馈现场设备联动控制，既能达到减员增效的目的，又能提高工作质量和效率，最终实现配电设备状态智能化管控。更重要的是将电力基础设施数据收集，为国网电力物联网的应用服务提供强有力的支持。

为探索电力物联网技术方案、实施策略、新兴业务和商业模式和可推广模式，构建符合电力物联网建设和发展需要的管理体系、组织架构和方法论。

4.3.3.3 应用架构与技术架构

1. 方案设计

智能配电站房聚焦于电力物联网架构下的智慧物联体系建设，重点解决配电房内电力基础设施之间的物联、数据感知、通信传输问题，统筹感知层、网络层和平台层关键技术攻关，协同输变电物联网、配电物联网等相关建设任务，联合打造全面感知、高效处理、应用灵活的企业级智慧物联体系。智能配电站房设备感知系统架构如图 4-17 所示。

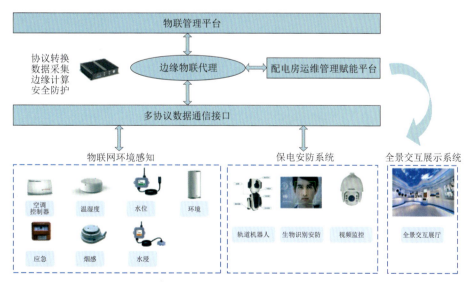

图 4-17 智能配电站房设备感知系统架构

智能配电站房采集配电房环境温湿度、烟雾探测器、巡检手动报警信息、配电房水浸信息、电缆沟水位信息、环境参数等，结合轨道机器人巡检实现红外热成像测温和局放在线监测、生物识别安防系统、视频安防监控，对配电房基本环境信息的全面采集和感知，开展运行数据管理分析，实现对异常事件的及时掌握和处理，同时反馈到配电房空调系统开启工作，以及启动轨道机器人进行定点巡检，保障电力系统安全可靠运行。

2. 配电房侧使用边缘物联代理

边缘计算是在靠近物或数据源头的网络边缘侧，融合网络、计算、存储、应用核心能力的分布式开放平台，就近提供边缘智能服务，满足行业数字化在敏捷联接、实时业务、数据优化、应用智能、安全与隐私保护等方面的关键需求。

其价值是支持实时性业务：可以做到毫秒级的数据实时分析、事件实时响应。支持边缘智能分析处理：业务边缘部署、灵活调整、网络自动运维。支持数据聚合：消除数据碎片化、屏蔽无效噪声、数据按需上传。支持私有的安全域：包括数据安全、节点安全、网络安全。

边缘物联代理架构如图 4-18 所示。

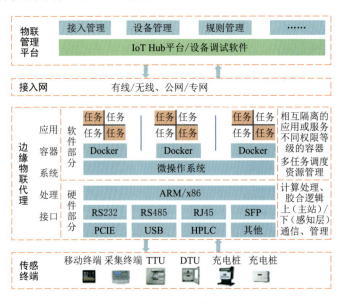

图 4-18　边缘物联代理架构

边缘物联代理作为电力物联网中位于本地通信网络和广域通信网络之间的"重要枢纽"，具备协议适配、数据采集、边缘计算、安全防护功能，用于连接业务终端与平台层，支撑"区域采集＋集中控制＋边缘自治"的物联网应用，实现网络边缘智能。边缘物联代理实现信息安全功能，包括配置安全模块、设置加密密码、安全监测通信链路等方式；此外边缘物联代理还可以实现部分边缘计算功能，具体包括数据处理下沉、平衡代价和性能、数据内存与闪存等新型存储技术；最后边缘物联代理还可以实现不同物联感知终端之间的协议转换适配以及数据采集，具体包括数据模型和接口协议转换、数据跨专业协同共享、多维数据融合等功能。

边缘物联代理融合了多种类型的通信接口，创造性地采用了无线多跳自组网技术，实现配电房复杂工况环境下的可靠无线网络通信，有效保障配电房感知系统的运行。

边缘物联代理具备现场反馈处理权限，对配电房温度、湿度、PM2.5、局放等参数异常，通过分析数据，判断是否需要进行反馈调节。之后可以实时启动空调系统控温，以及下发指令控制轨道机器人展开定点巡检功能。

胶合逻辑是数字电路的特殊形式，是连接复杂逻辑电路的简单逻辑电路的统称。在硬件中将不同的模块连接在一起，实现复杂功能。它作为中间接口，允许不同类型的逻辑芯片或电路一起工作。举例来说，一个芯片包含一个CPU（中央处理器）和一个RAM（随机存取存储器）块。这些电路通过胶合逻辑在芯片内连接起来，这样，它们可以顺利运行。在印刷电路板上，胶合逻辑可以采取在自己包里分离ICs（集成电路）的形式。在更复杂的情况下，可编程逻辑器件（PLDs）中，胶合逻辑可用简单逻辑实现复杂逻辑电路连接。

3. 应用场景

（1）数据采集、分析与控制全流程贯通。

目前建设的电力物联网项目中，多注重于现场数据采集与传输，忽略了数据价值的分析与挖掘，以及根据数据分析结果对现场设备进行联动控制。本次配电房设备全感知项目在采集现场多维数据的基础上，还会对数据结果进行分析和判断，例如在配电房内环境温度、湿度、PM2.5等参数异常时，还可根据数据结果分析是否启动对应的处理流程，控制启动空调设备工作。此外，结合现场反馈的多维度数据分析，可以判断现场设备运行状态，下发指令遥控轨道机器人实现远程作业巡检。

（2）打造数字孪生的配电房。

数字孪生是近几年兴起的非常前沿的新技术，简单说就是利用物理模型，使用传感器获取物理模型数据，在虚拟空间中完成映射，以反映相对应的实体的实时运行状态。数字孪生是一种超越现实的模型，可以被视为一个或多个重要的、彼此依赖的装备系统的数字映射系统。

数字模型设计须开发出满足技术规格的产品虚拟原型，充分利用物理模型、传感器更新、运行历史等数据，精确的记录产品的各种物理参数，以可视化的方式展示出来，并通过一系列的验证手段来检验设计的精准程度。

4.3.4　数字基建

4.3.4.1　研究背景

目前建筑行业在数字化建造、物联网技术等方面的技术应用逐步趋向成熟，国家对建设行业BIM技术的应用和"新基建"工业物联网发展方面也对电力基建业务的数字化提出了要求。同时，电力企业也在新的发展战略中提出了数字化电力的建设战略，电力基建业务作为实体电力建设形成的主要实现过程，其数字化是数字化电力建设必不可少的组成部分。引用建设行业应用较为成熟的数字化建设和物联网技术应用成果，形成具备数字化特征的电力建设应用。

另一方面，近年来在输变电工程三维设计深化应用、工程现场移动应用、物联管理应用等方面完成了一些业务管理、技术应用和数据资产的积累，具备了进一步实现电力基建工程建设开展数字化应用的基础。

通过电力基建业务数字化的建设，以机器智能替换人员经验，彻底解决项目与用工的矛盾、质量与效益的矛盾和人员行为与安全的矛盾，实现业务智能化、精益化的转型。

4.3.4.2 业务概述

电力基建业务是实现电能运行全生命周期"发、输、变、配、用"五大环节中"输"和"变"的电能输送通道建设，其核心业务是输变电工程的建设过程管理，同时面对整个行业进行业务标准体系建设和执行监督管理。如图4-19所示，电力基建业务从管理对象上可以将业务内容划分为针对单个项目的项目管理和针对项目群的专业职能管理。项目管理主要侧重工程项目建设过程的具体进度执行、作业安全、施工质量、资源调配、工程档案等方面的建设过程管理；专业职能管理主要侧重整体计划、安全、质量、技术、造价和队伍选择等方面的执行、协调、评价的职能管理。

1. 项目管理主要内容

（1）进度计划管理。遵循项目建设的客观规律和基本程序，科学编制电力建设进度计划，开展进度计划全过程管理，采取有效的管理措施，实现基建工程依法开工、有序推进、均衡投产的总体控制目标。

（2）建设协调管理。按照"统筹资源、属地协调"管理原则，推进建设外部环境协调和内部横向工作协调，提高建设协调效率，确保工程按计划实施。

（3）参建队伍选择及合同管理。按照国家法律法规及公司相关规定，遵循"公开、公平、公正和诚实信用"的原则，择优选择资质合格、业绩优秀、服务优质的工程设计、施工、监理（咨询）队伍，根据招标结果，签订工程设计、施工、监理（咨询）合同，落实合同执行管理，监督参建单位落实合同约定的目标、措施、要求。

（4）项目部管理。基建工程组织成立业主项目部（项目管理部），配备合格的业主项目经理，根据管理需要配备管理专责，并落实业主项目部标准化管理要求；以业主项目部（项目管理部）为项目管理的基本执行单元，业主项目部（项目管理部）工作实行项目经理负责制，负责项目建设过程管控和参建单位管理，通过计划、组织、协调、监督、评价，有序推动项目建设，实现工程建设进度、安全、质量、造价和技术管控目标；业主项目部（项目管理部）负责对设计、监理（咨询）、施工、物资供应商等参建单位管理协调，推进监理项目部、施工项目部标准化

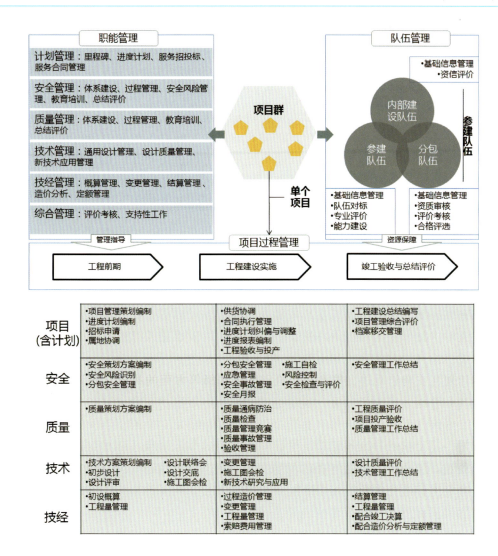

图 4-19 电力基建业务管理

建设。

（5）信息与档案管理。按照公司电力建设项目档案管理办法要求，将工程项目档案管理融入工程日常管理；项目开工前，明确工程项目文件材料收集计划、归档要求、时间节点、责任单位等；工程建设过程中，注重督导参建单位确保文件材料积累进度与工程建设进度相协同，开展预立卷；项目竣工后，及时组织有关部门和参建单位完成项目文件材料的收集、整理，并以工程项目为单位向档案部门归档。

2. 专业职能管理主要内容

（1）基建进度管理。以工程进度计划管理为主线，遵循工程项目建设的客观规律和基本程序，科学安排建设进度计划，监督依法开工、有序推进、均衡投产的执行情况，及时跟踪总体计划执行情况并开展纠偏协调工作，整合公司对外服务资源，建立电力建设外部协调与对外服务协同机制，及时有效解决工程建设中的困难与问题，确保工程项目建设任务的全面完成。

（2）基建安全管理。主要内容包括安全文明施工标准化、施工安全风险管理、施工分包安全管理、基建安全应急管理等。建立基建安全保证体系和监督体系，实行基建安全目标管理，突出强调对安全管理的计划、检查、考核、总结，实现"安全管理制度化、安全设施标准化、现场布置条理化、机料摆放定置化、作业行为规范化、环境影响最小化"管理目标。通过专项检查、随机检查、安全巡查等方式对基建安全工作进行监督检查，建设管理、施工、监理单位依据规定定期开展例行安全检查，工程建设施工高峰阶段开展施工安全管理评价。

（3）基建质量管理。主要内容包括标准化工艺研究及应用、质量检查与验收、质量评价考核、质量事件处理等。严格遵守国家工程质量相关法律法规，建立基建质量管理体系，实施基建质量目标管理，实行工程质量责任终身制。通过组织开展工程质量巡查、专项检查、互查等检查，开展施工质量验收和管理。建立工程质量考核与激励机制，实行工程质量"一票否决"制，对没有完成工程质量目标的责任单位和人员进行处罚，对造成质量事件的责任单位和有关人员追究责任，对工程质量工作做出突出贡献的单位和个人予以奖励。

（4）基建技经管理。主要内容包括电力工程初步设计审批、工程造价控制、工程造价统计分析、定额管理等，实现合理确定和有效控制工程造价，提高投资效益的目标。规范工程初步设计评审管理，加强技术经济方案比选，合理确定工程初步设计方案、建设标准和投资概算，加强建设过程的造价管理，严格初设概算、施工图预算管理，规范设计变更管理，加强工程结算管理和监督，有效控制工程造价。实施全方位工程结算集中监督管理。全面加强施工、物资及其他费用结算管理，落实各方面结算管理职责，实现全口径工程结算。

（5）基建技术管理。主要内容包括基建技术标准管理、基建标准化建设成果管理、工程设计管理、施工技术及装备管理、基建新技术研究及应用等。对输变电工程初步设计、设计创新、施工图设计、现场服务、设计变更、竣工图设计等开展全过程的质量评价，建立工程设计质量考核机制，提高工程设计质量。搭建平台、整合资源、完善机制，规范依托工程基建新技术研究，定期发布基建新技术推广目录，强化基建新技术应用管理，建立基建新技术研究应用评价考核机制，提升工程建设技术水平。

（6）基建队伍管理。主要内容包括公司基建管理队伍建设和参建队伍管理。其中，参建队伍管理包括招标专业管理、合同履约管理，以及对公司所属建设队伍的专业管理。公司所属各级单位严格落实公司基建专业相关机构人员配置标准，确保基建管理人员配备到位。加强专业管理人员和业主项目经理培养，提高管理能力与水平。强化对技术支撑机构进行业务指导、监督和考核，推动技术支撑机构不断提升专业能力与水平。

4.3.4.3 应用架构与技术架构

电力基建业务架构以单个项目的建设过程管理为基础，产生相应的业务数据，向上汇总形成面向项目群职能管理的信息支撑，结合具体的业务管理层级和信息产生的具体环节，可以总结出电力基建业务应用架构如图4-20所示。

图4-20 电力基建业务应用架构

其中现场作业应用与移动应用、物联感知技术应用契合度极高，决策管理应用、专业管理应用和基础应用方面与三维可视化、大数据、人工智能等技术应用有较高的契合度，结合数字化应用要求的整体实现技术架构设计包括基础层、数据层、平台层、接入层和展现层，具体技术架构如图4-21所示。

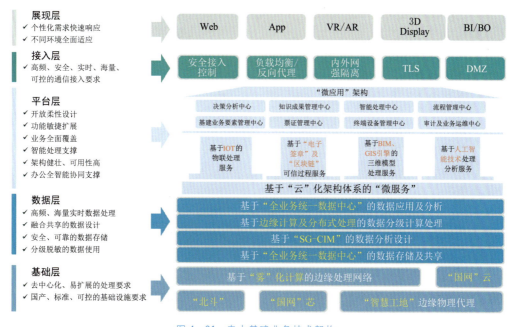

图4-21 电力基建业务技术架构

4.3.4.4　应用场景

电力基建业务的数字化发展，在建设过程中更多地使用、智能机械、模块化的施工方法，在管理和管控方面更多地应用物联网技术、人工智能技术，以自动化的设备、计算机的能力来代替管理人员的经验，辅助电力项目建设管理由粗放式向精细化转变，业务本身由经验型向实验型转变，管理体系的建设由标准流程驱动向数据分析驱动转变。典型应用场景如下：

1. 三维数字化成果应用

通过制修订统一的公司输变电工程三维设计系列标准，并推动其在可研设计、初步设计、施工图设计、竣工图等阶段全面实施，实现规划可研、建设施工、数字化移交和运行等阶段的过程的数字化应用。

2. 工程进度可视化管控

通过的数据共享，及时掌握项目可研、初设批复、招标、供货等工作节点信息，结合依法合规手续、物资供应等前置约束条件，合理制订工程进度计划。基于三维数字化设计成果和工程进度计划，自动形成并向施工组织推送按时间排布的分解任务，结合分部分项工程实际进度，通过计算、匹配三维模型，可视化展现工程形象进度。通过实际工程进展与进度计划的智能对比分析，计算并自动推送偏差预警。

3. 现场安全智能管控

依托大数据、高精度定位、物联网、移动互联和人工智能等技术，构建覆盖每个作业点的现场管理网络，实施人员实名制管控、施工装备状态监测、关键工序在线管控、作业现场分级监控、违章行为智能预警，实现持续监测、动态考评的数字化、智能化安全管控模式。

4. 质量管理动态追踪

通过工程设计、设备制造、建设施工过程质量关键信息的采集和实测实量记录，跟踪管控设计、物资、施工质量信息，实名、实地、实时记录过程验收把关情况，落实质量管控责任，实现工程质量全过程的数字化追溯，促进过程创优、一次成优，推动工程质量提升。借助大数据、人工智能、三维仿真模拟技术，建立智能质量评价体系和人员培训体系，精确定位质量问题和通病，提高预防能力，提升整体质量水平。

5. 造价过程精准管控

充分发挥工程造价、概预算的结构化、数字化优势，实现造价管理的概预算数据共享、结算归集汇总的全业务流程数字化管理。结合建设进度对工程造价实施过程管控、自动预警、及时纠偏，实现工程估、概、预、结、决算的全过程对比分析，为公司精准投资决策和全寿命周期成本最优管理提供专业支撑。

6. 技术成果管理应用

采集工程设计条件信息、设计方案信息和通用设计应用情况，包括设计条件数据、设计方案、是否应用通用设计、通用设计方案编号、通用设备应用情况、新技术成果应用情况等，实现设计条件应用情况、通用设计应用适用性、应用比例、应用效果的多维度统计分析，为通用设计、通用设备应用推广提供数据支撑。新技术应用实现数据结构化统计，为基建新技术研究、统计分析及推广应用提供数据支撑。

7. 跨业务数据共享

围绕各部门、各专业横向协同需求，深化专业数据共享，打破业务"壁垒"、消除数据"孤岛"，推动公司关联业务协同，全面实现在线流转，促进数据应用便利化、业务管理透明化、跨专业协同一体化。

8. 知识管理共享服务

基于业务应用形成的数据和知识成果的积累，形成基建业务管理知识成果信息库，可为各级用户提供方便的共享服务。同时结合三维数字化模拟等技术应用，实现仿真教学、模板订制、在线阅读等应用。

9. 智慧决策支持服务

运用大数据分析，深入挖掘数据价值，开展专业管理、行业管理相关趋势、风险的数字化分析，为基建管理提供智能化分析决策支撑服务，并为相关专业管理提供辅助数据支撑。

10. 感知信息采集

以大云物移、移动互联、人工智能、国网芯、北斗定位等现代信息技术为基础，利用各类智能传感部件，实现人员信息、施工环境、施工装备、设备材料、整体进度等工程建设信息的泛在智联。通过不断丰富工程数字信息采集，实现关键信息实时监测分析、安全质量在线管控、业务需求精准掌握等各项数据采集。重点从涉及工程建设关键管控环节的人、机、料、法、环等五个维度梳理感知层建设需求。

4.4 促进清洁能源消纳

4.4.1 智慧能源综合服务

智慧能源综合服务包括智慧能源综合供应和智慧能源综合服务两个方面，进一步说，智慧能源综合服务不仅包括能源商品供应，还包括附着于能源商品之上的能源服务供应，包括能源规划设计、工程投资建设、多能源运营服务以及投融资服务等方面。智慧能源综合服务的核心是提升能源的利用效率，也是智慧能源综合服务的根本价值体现。同时，依托智慧能源信息基础设施的构建，可以催生出能源大数据、能源金融等新业态，是推动能源革命和支撑城市治理能力提升建设的重要内容。对电力企业来说就是由传统的单一售电模式转化为电、气、冷、热等多元化能源供应和多样化服务模式。同时，智慧能源综合服务广阔的市场前景能够催生出更多新型能源供应主体，助推电力市场化进程。

4.4.1.1 智慧能源综合服务发展路径选择

在现有的能源框架下，可以预见，智慧能源综合服务将是我国未来很长一段时间内能源服务构成的重要组成部分，其发展关乎国家能源安全。因此，其发展路径的选择要在我国的能源资源禀赋和能源发展战略前提下从能源安全的角度进行综合考量。我国能源资源禀赋可以从化石能源和清洁能源两个部分来考虑，从化石能源来看，我国"富煤、缺油、少气"，其中，燃油、燃气高度依赖进口，贸易摩擦和逆全球化给我国能源安全带来更大的不确定性。而燃煤主要以火电的方式进行了集中消耗，即将燃煤转换成了电能，随着我国电能替代战略的深入以及 2016 年底推行"北方地区清洁取暖"以来，电能占终端能源比例不断提升；从清洁能源来看，随着风力发电、光伏发电的迅速发展，近年来清洁能源占比不断提升，2018 年清洁能源占比已达 22% 以上。在这样一种能源资源禀赋前提下，智慧综合能源服务选择"电能"作为主能源将成为一种必然，也是"两个替代"战略的一项重要内容。因此，目前主流的选择是以电为主能源，以"数字化、网络化、智能化"手段赋能，综合"电、冷、热、气"等多种能源构建智慧能源综合服务平台，实现能源效率的提升以及提供多种增值服务如能源托管、能源大数据等。

4.4.1.2 智慧能源综合服务发展的破局因素

综合能源最早起源于美国，并且很快上升为国家战略，我国的智慧能源综合服务起步较晚，同时我国也不断出台相关政策支持和鼓励智慧能源综合服务的研究和建设。在当前阶段，我国智慧能源综合服务还主要以政策驱动为主，市场需求驱动为辅。政府、电力企业、民营企业、高校等在智慧能源综合服务方面进行了大量研究和试点建设并积累了丰富的经验。然而，随着智慧能源综合服务向市场需求驱动为主转变的过程中，也出现了一些困境，特别在盈利模式方面，智慧能源综合服务又是资本密集型产业，投资回收期过长限制了市场需求，能源效率的提升及增值服务的价值部分难以覆盖高昂的投资成本和持续不断的运营投入。基于上述问题，智慧能源综合服务破局的关键是提升能源利用效率以大幅降低用能成本。因此，未来要形成市场需求驱动的智慧能源综合服务，关键要在技术创新上下功夫，研发使用高效能的供能设备，大幅提升能源利用效率，降低运营成本。同时，还需要通过政策扶植一批集团化的龙头企业，打通产业上下游，形成规模效益和集群效益，降低投资成本。

4.4.1.3 智慧能源综合服务与电力市场

按照上述分析，智慧能源综合服务以电为主能源，智慧能源综合服务未来必然与电力市场深度融合，一些新兴的智慧能源综合服务运营商将成为电力市场的新主体。还原电的商品属性是电力市场化建设的一项核心内容，国家也在加快全面放开电力现货交易的步伐，通过电力交易将进一步降低智慧能源综合服务运营成本，同时促进清洁能源消纳。电力市场化改革的另外一个重要领域即增量配网建设，因此，结合配网建设，在高新产业园区、经开区等推动智慧能源综合服务建设，将成为智慧能源综合服务的一个重要方向。

4.4.1.4 智慧能源综合服务支撑城市数字化发展

智慧能源综合服务以"数字化、网络化、智能化"赋能，与国家数字基础设施建设需求相契合，为城市数字化发展提供支撑，孕育能源领域数字基建的新模式、新业态、新产业，即智慧能源综合服务平台为能源大数据平台提供数据支撑，进而为城市大脑提供能源领域的贡献，提升城市治理水平。因此，智慧能源综合服务中的数据增值服务未来将成为一项重要的收入来源，需要在数据确权、数据安全以及隐私保护等前提下加大与相关企业的合作，探索盈利模式，实现数据的增值变现。

4.4.1.5 智慧能源综合服务应用案例

上海构建的智慧城市能源云平台，全面整合电力、水务、燃气、政府、社会等多方数据，协同共享城市数据资源，打造一体化智慧城市能源"大脑"，支撑政府精准决策、城市经济发展、基础设施建设等；与浦东新区城市运行综合管理中心联动，支撑城市应急管理、业务管理和社会服务等；全面融入城市精细化管理体系，精准把握城市运行的能源"脉搏"；为能源客户和能源服务市场构建"能源生态圈"；为能源企业，提供数字化转型"抓手"。

国网客服中心智慧服务型创新园区，将智能化系统作为内蒙古电力生产调度中心楼宇建设的重要组成部分，通过部署各子系统实现楼宇控制、安防监控、人员管理等基础数据的智能监测、智能分析、报警联动等功能，为楼宇综合管理系统提供有效的数据支撑，从而营造智慧化运营、智慧化办公、智慧化生活的服务环境。

雄安市民服务中心综合能源工程，通过城市智慧能源管控系统（CIEMS）为可靠、绿色、高效的智慧化综合能源服务提供重要保障，已在雄安新区城市能源管理（城市级）、雄安"第一标"市民服务中心（园区级）、雄安第一座永久性建筑雄县三中（校园级）、河北正定塔元庄村（村庄级）等不同场景下进行广泛实践。

截至 2019 年 8 月，河北构建的优易能电管家平台，为 1489 户用电企业、66 座光伏电站、202 座空气源热泵提供发用电设备运维检测、远程监控、能效诊断、能源托管等服务，降低客户自行维护的风险，为客户安全、经济、可靠用电提供保障。

河南省能源大数据综合管理平台，是面向政府、企业、公众的省级能源大数据中心应用平台，实现能源统计分析、能源监测、能源规划、能源服务核心功能，通过广泛物联接入城市建设提供辅助决策、提升效率与便民服务。

4.4.2 虚拟电厂

4.4.2.1 研究背景

目前，虚拟发电厂（Virtual Power Plant，VPP）技术在我国尚处于起步阶段。

江苏、北京和上海虽然已经开展了虚拟电厂的实践，但调控对象都是可平移负荷，无法完全应对发展迅速、样式繁多的分布式电源与可控负荷对电力的安全稳定运行带来的巨大影响。因此，国内急需一种能够将多元负荷资源、纳入虚拟电厂系统的互动协调技术，整合分布式电源、储能装置、公共资源与用户用能信息，通过虚拟电厂系统优化调控，协调电力供需平衡，实现多种分布式电源、多元负荷资源的综合管理和优化配置，保证电力的平稳运行，提升可再生能源利用效率，推动国家的能源转型与电力技术变革。

4.4.2.2　实现方式

建设虚拟电厂系统研究是推动城市电力供需平衡稳定、实施节能减排战略的关键所在。在现有的系统理论研究和硬件技术条件的基础上，通过建设虚拟电厂管控系统，一方面可以提升区域可再生能源的消纳水平，提高区域电力系统运行的可靠性和经济性；另一方面，城市具备建设虚拟电厂系统的客观环境和研究条件，开展虚拟电厂管控系统的研究可以有效推进 VPP 技术的发展，未来可通过建立 VPP 系统技术创新示范区等形式，打造可推广的区域虚拟电厂聚合管控优化新模式，促进以用户为中心的智能电力与可再生能源之间的协调发展，推动行业虚拟电厂技术进步与国家能源结构转型。

4.4.2.3　应用架构与技术架构

建设虚拟电厂系统，遵从企业框架（Enterprise Architecture，EA），基于统一应用平台（Unified Application Platform，UAP）开发，具有分布式电源与监测、用户侧响应资源优化、储能监控及调度、内部协调优化、外部优化调度等功能模块，保证整个虚拟电厂系统业务流程完整性和系统运行稳定性。同时，与营销基础数据平台和调度系统进行集成，通过虚拟电厂资源池分时、梯度的响应电力信号，协调电力供需平衡，实现城市各种资源的优化配置。

1. 业务架构

虚拟电厂的业务架构完全遵从 EA 中关于业务架构的设计要求，如图 4-22 所示。系统业务架构中的分布式电源、储能、用户侧资源、厂内协调优化、厂外调度优化等业务，遵从营销和调度业务域中业务职能的要求。分布式电源业务、储能业务和用户侧资源业务对整体接入虚拟电厂系统的资源进行分析预测和控制，为虚拟电厂厂内协调优化业务和厂外调度优化业务提供支撑和反馈。

2. 应用架构

虚拟电厂系统的应用架构完全遵从 EA 中关于应用架构的设计要求。系统应用架构中的分布式电源调度控制、用户侧资源调度控制、储能电站调度控制、厂内协调优化、厂外调度优化等应用，遵从营销管理应用架构要求。

虚拟电厂的应用架构分为功能应用层和应用支持层两层，具体功能如图 4-23 所示。

（1）功能应用层。

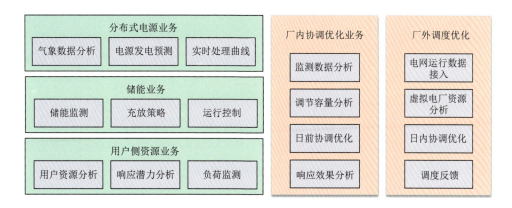

图 4-22　虚拟电厂业务架构

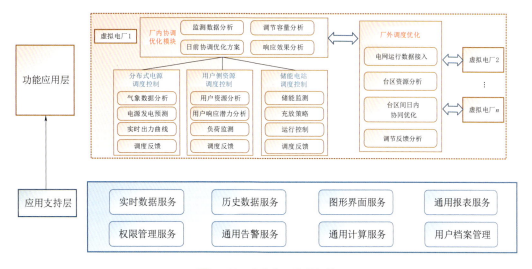

图 4-23　虚拟电厂应用架构

虚拟电厂系统功能应用层的功能覆盖面广，可满足城市多样化的用户需求和需求侧资源类型，满足区域电力系统的双向协调优化与聚合控制。其中，根据功能模块等级和调度优先次序，功能应用层可分为三个层次。其中最上层为厂外调度优化，中间层为厂内协调优化；底层按照"源-荷-储"，可分为分布式电源调度控制、用户侧资源调度控制、储能电站调度控制。当电力出现负荷缺口时，直接进行上层厂外调度优化，实现虚拟电厂资源调度优化；在未下达调度指令时，执行虚拟电厂内部资源优化。

1）用户侧资源调度控制。用户侧资源调度控制是参与虚拟电厂调节的重要部分，在虚拟电厂中充当"发电机组"的角色，其功能主要包括用户侧资源分析、用户响应潜力分析、负荷监测以及调度反馈等内容。

用户侧资源分析：用户资源包括居民用户资源以及公共资源分析。居民用户资源分析针对普通居民用户的用电时间以及用电习惯并预测用户用电需求趋势。公共资源分析主要针对政府机构，商业楼宇以及办公大楼等的用电情况进行收集，为用户侧响应资源优化提供依据。

用户响应潜力分析：在对用户侧资源的用电习惯以及用电情况进行分析的基础上，根据用户侧的终端响应设备安装情况以及用户的可参与响应的负荷量等，对用户侧的响应容量、时长等指标进行分析并设立响应目标。

负荷监测：在用户侧安装智能数据终端设备，对用户侧的负荷情况进行实时监测，并对用户的用电信息进行收集统计。同时对各类用户终端设备状态、设备运行报警进行数据统计分析，采集并实时监测各终端设备状态，为柔性控制用能设备及运行情况分析提供数据支撑。

调度反馈分析：对监测的结果进行整理分析，对用户侧、分布式能源以及储能进行协调，将收集的信息以及协调结果进行反馈，以对负荷进行调度管理。

用户资源调度控制的工作流程如下：通过数据前置程序采集部署区域内各接入的底层设备单元信息；控制程序根据各设备单元状态信息和区域内调节目标优化计算所需总的功率响应量；根据总的功率响应量和所需响应速度，启动用户侧调节控制，在负荷之间根据响应时间尺度和响应功率要求进行响应负荷分配，启动负荷控制终端，直至所有的功率都被分配完。

2）储能电站调度控制。储能系统在虚拟电厂的作用体现在通过充放电实现分布式出力单元和用户负荷的有序匹配。储能电站调度控制模块能够实现储能单元的运行状态监测和实时控制，包含储能监测、充放策略、运行控制和调度反馈四个功能。①对储能装置的内部运行特性进行实时监测，监测内容包括储能装置关键运行数值指标，并以图表方式表示储能荷电状态、电压、电流及温度变化，保障储能系统运行的安全可控；②充放策略功能实现对当前系统运行状态下储能充放策略的确定，包括功率平衡、分布式电源平滑输出、削峰填谷、参与需求响应等；③运行控制功能实现储能装置在不同充放电策略控制模式的制定，在监测功能得到的运行特性指标的基础及储能运行约束的条件下，得出针对充放策略下储能输出功率曲线；④调度反馈功能根据储能运行状态，通过计算最大充放电能力，分析储能完成系统平衡及分布式能源消纳潜力，最终将储能当前的充放电功率和在边界约束条件下能够实现的充放电能力反馈至其他模块，从分时、梯度的层面来实现各功能模块间信息协调互动。

3）分布式电源调度控制。分布式电源中在虚拟电厂中扮演"发电机组"的角色，为虚拟电厂参与电力调度提供电源支撑点。分布式电源调度控制模块主要包括气象数据分析、电源发电预测、实时出力曲线和调度反馈等功能点。

气象数据分析模块主要是多形式可视化气象数据，实现短期气象数据信息展示和中长期气象数据信息展示；电源发电预测模块结合光伏功率预测的时空尺度和精度以及数据条件，考虑气象情况、辐照情况以及历史发电量，构建合理的功率预测模型，对区域内分布式电源的输出功率进行预测；实时出力曲线模块对分布式电源进行场景聚类分析，输出典型分布式电源日输出功率曲线和分布式电源月输出功率曲线；调度反馈模块实现及时将预测信息传递给虚拟电厂内部协调优化模块，进行动态协调联动，对监测数据分析提供信息，支撑调节容量分析和日前协调优化方案功能，为响应效果分析提供支持。

4）厂内协调优化。厂内协调优化模块相当于电厂中的"集中控制中心"，其主要作用为通过对虚拟电厂内的分布式电源、用户侧响应资源与储能单元等资源的运行状态和运行参数等信息进行监测分析，以分时、梯度等作为约束条件，对虚拟电厂内部系统资源进行日前协调优化，运用自有资源实现区域内电力供需自平衡，同时满足调度指令的需求。

该模块的具体工作流程如下：①对该虚拟电厂内的分布式电源、储能装置、用户侧负荷资源进行监测统计，具体为对分布式电源发电量、储能装置充放电量、用户侧负荷资源进行监测，并统计储能历史充放电数据、用户侧负荷资源历史负荷数据、分布式电源发电历史数据等，以直观的动态图表形式向管理决策层展示区域内虚拟电厂资源的运行状态及调配分析情况，实现资源的日前实时监测及区域性把控；②根据数据监测分析结果，以电力供需平衡、资源可响应容量、节点电压负荷等作为约束条件，对虚拟电厂系统内多种资源的可调节容量进行分析，并将系统日前可调容量反馈至控制中心，择优选择运行策略；③以虚拟电厂资源监测数据、运行平衡约束、资源调节容量作为输入，求解虚拟电厂系统的分布式发电出力、储能运行计划、用户侧负荷资源调节计划的运行优化调度状态，输出储能装置、用户侧负荷资源等单元的日前协调优化方案，实现区域内电力系统供需自平衡；④对虚拟电厂系统日前协调优化方案内多种资源的响应效果进行分析，以电力可靠性、系统调峰次数、系统调峰容量、系统可再生能源消纳率、系统平均需求响应频率、系统资源响应容量等指标作为评估标准，评价分析系统内的储能、用户侧负荷等资源的响应效果，作为管理决策层执行系统日前协调优化决策的指导依据。

5）厂外调度优化。厂外调度优化模块在虚拟电厂和其他虚拟电厂之间扮演"电厂调度中心"的角色，其功能主要包括四个方面。①是电力运行监测功能，对参与虚拟电厂调节的区域电力运行状况进行分析，确定虚拟电厂的负荷状态和现行的调度策略，为后期多个虚拟电厂间协同优化提供依据；②是虚拟电厂资源分析功能，根据电力运行监测数据，分析参与调解的可用资源，为下一步日内调度提供可调单元；③是虚拟电厂日内协同优化功能，当电力监测到各电厂运行状态后，根据各电厂实时运行状态，通过对具备可调资源的虚拟电厂进行调度实现虚拟电厂间的协同优化，保证电力安全稳定运行，实现虚拟电厂"调峰调频"效果；④是反馈分析功能，对多个虚拟电厂参与系统优化的效果进行分析，为电力调度提供参考。

（2）应用支撑层。

应用支撑层主要包括八大功能模块，实时数据服务、历史数据服务、权限管理服务、通用告警服务、图形界面服务、通用计算服务、通用报表管理、用户档案管理等功能，属于对高级应用层的共性支撑功能。

1）实时数据服务。提供虚拟电厂系统的实时数据服务。实时数据库分布在系统所有结点上，并通过软同步技术保证数据的一致性。在数据结构上以 IEC 相关标准为基础，整体上实现了模型一体化，为虚拟电厂的控制中心与各点的双向通信提供支撑。

2）历史数据服务。提供虚拟电厂系统的历史数据服务，包括数据采样、数据存储、数据查询。系统提供了完备的数据校验机制，采用并行的处理技术，保证了系统数据处理的效率。

3）图形界面服务。提供虚拟电厂系统的图形展示功能，采用图模库一体化的方法设计，并考虑了源网荷多元资源的各类图形特色，采用矢量技术实现图形的无极缩放，采用 svg 格式进行不同系统间的图形交互。

4）权限管理服务。提供虚拟电厂系统的所有权限服务，权限内容包括了实时库读写、历史库读写、图形查看编辑等，同时按照分层分区的原则在支撑平台上对数据进行过滤，简化了上层应用的处理过程。

5）通用告警服务。提供虚拟电厂系统的告警服务，告警内容包括系统告警、设备运行告警、人工操作告警等。告警提供了多种表现形式，包括语音、推画面、响铃、确认、短消息等。告警提供了标准的对外接口，能够方便地进行扩展。

6）通用报表服务。提供虚拟电厂系统的报表生成服务，采用模板定义和模板替换的方式来生成系统各类报表。报表系统兼容了 Excel 的各种操作特点，能够运行在各类操作系统上。

7）通用计算服务。提供虚拟电厂系统的数据统计、数据计算及加权处理、运行优化计算等。

8）用户档案管理。提供虚拟电厂系统的子站管理、用户管理、合同管理等功能。

3. 数据架构

虚拟电厂系统的数据架构完全遵从 EA 框架中关于数据架构的设计要求。系统数据架构中的居民用户数据域、公共资源数据域、分布式光伏数据域、储能数据域、营销数据域、调度数据域，遵从市场域和客户域下面的分析数据、客户档案信息、对标数据、发布信息、账单信息、运行信息、设备信息、电价信息、网架结构、客户服务、项目信息、项目计划等数据架构要求。

（1）数据存储方式。

1）根据数据的获取方式，可分为：自动转入数据和手工录入数据。自动转入数据包括从其他业务系统中通过各种数据接口方式导入到虚拟电厂系统中的结构化数据、文件数据等非结构化数据。手工录入数据则是通过虚拟电厂系统提供的录入界面由人工逐条录入的数据。

2）根据数据的来源，可分为原生数据和再生数据。原生数据是指直接从虚拟电厂系统外部获得的或手工录入的数据，任何从虚拟电厂系统外直接进入网站的数据都称为原生数据。再生数据是在原生数据基础上经计算处理产生的数据，如报表统计结果等都属于再生数据。

3）根据数据获取的频率，可分为实时（准实时）数据和非实时数据。实时（准实时）数据是指通过相关的接口即时从各业务应用系统获取的数据。非实时数据是指那些本不发生变化，或很少发生变化的数据，如组织结构数据等。非实时数据的数据量一般相对固定，不会随着时间的推移而发生急剧的变化。

4）根据数据的结构化定义，可分为结构化数据和非结构化数据。结构化数据就是行数据，存储在数据库表中，可以用二维表结构来逻辑表达实现的数据，例如业务应用的信息数据。非结构化数据就是指视频、图片、文档等。

5）根据数据的安全性，可分为敏感数据和公开数据。敏感数据是指与账户相关的信息，如真实名称、联系电话、金额等。公开数据是指公开发布的数据，如电力法规等。

（2）数据应用情况。根据虚拟电厂系统的应用情况可以划分为基础数据、信息档案数据、过程处理数据、周期性数据、文档数据和统计查询数据，如图 4-24 所示。

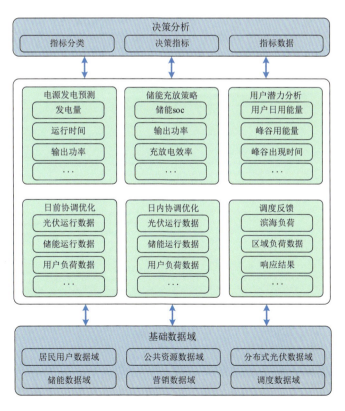

图 4-24　虚拟电厂数据应用

1）基础数据。包括公共代码、标准数据、人员信息、组织机构等。更多的是规范性、标准性的数据字典，通常是系统初始化的时候一次性导入，一般以定时变动修改为主。

2）信息档案数据。包括账户资料信息、用电用户档案信息、设备档案信息等。账户资料是系统用户在添加产生的数据，其数据变化量一般不大，但数据在线存储时间要求较高；其他为相关业务支撑系统业务产生的结果数据系统不保存。

3）过程处理数据。包括处理过程信息、流程信息等。用户业务申请和办理过程中的状态和活动的明细数据，其数据变化较频繁且数据量大，但数据在线存储的时间相对较低。

4）周期性数据。包括用电用户采集电量信息、用电用户电费信息等。数据变化与时间周期密切相关，数据量很大，且数据在线存储时间要求也较高，数据存储是通常都需要采用分区技术。

5）文档数据。包括图像信息、语音文件等数据量较大，在关系型数据库中一般只保存摘要及路径信息，其具体信息可保存在文件服务器。

6）统计查询数据。包括汇总统计、综合查询信息等，是业务管理需要定期或不定期进行的某一时段的汇总或复制数据，属于再生数据。

系统根据上述数据技术分类特点和业务需求将数据部署设计在数据模型的基础上展开，按照不同的数据分类，结合系统架构的要求进行数据部署设计。

4. 技术架构

虚拟电厂系统的技术架构完全遵从 EA 框架中关于技术架构的设计要求。技术架构分为四层，数据层、支撑层、业务层和展现层，如图 4-25 所示。

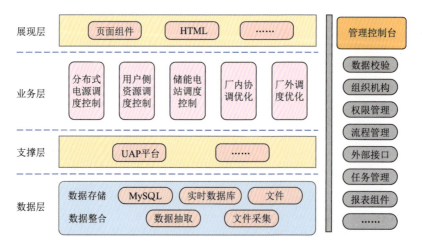

图 4-25　虚拟电厂技术架构

（1）数据层：虚拟电厂系统数据层分为数据整合和数据存储。通过数据抽取、文件采集等手段实现数据整合，采用多种数据安全机制，保证数据采集的完整性和正确性。通过提取、转换和加载整合的数据，转换为规范的、无冗余的基础数据，进一步处理及存储。通过 MySQL、实时数据库、文件等方式进行存储。在接收到数据采集层的数据后，进行数据的进一步处理，并按类存放结构化数据一般存放在数据库中，非结构化数据存放在分布式文件系统中。

（2）支撑层：系统基于 SG‑UAP 开发，利用平台提供的工作流引擎、前端界面组件等技术快速构建应用，同时，基于 SG‑UAP 平台组件，实现与外部应用的登录验证和权限校验。

（3）业务层：包括业务架构中的所有基础业务服务，分别为分布式电源业务、储能业务、用户侧资源业务、厂内协调优化业务、厂外调度优化业务五部分。

（4）展现层：展现层通过 HTML 和页面组件向外界提供展现能力，面向终端用户，进行图形化的展示与应用功能。

4.4.2.4 应用场景

1. 控制方式

根据虚拟电厂信息流传输控制结构的不同，虚拟电厂的控制方式可以分为集中控制方式、分散控制方式、完全分散控制方式。其中分散控制方式下的虚拟电厂被分为多个层次。处于下层的虚拟电厂的控制协调中心控制辖区内的发电或用电单元，再由该级虚拟电厂的控制协调中心将信息反馈给更高一级虚拟电厂的控制协调中心，从而构成一个整体的层次结构。而在完全分散控制方式下，虚拟电厂控制协调中心由数据交换与处理中心代替，只提供市场价格、天气预报等信息。而虚拟电厂也被划分为相互独立的自治的智能子单元。这些子单元不受数据交换与处理中心控制，只接受来自数据交换与处理中心的信息，根据接收到的信息对自身运行状态进行优化。建设虚拟电厂，采用集中控制的方式，集中控制方式下的虚拟电厂可以完全掌握其所辖范围内分布式单元的所有信息，并对所有发电或用电单元进行完全控制。

2. 外部优化调度

虚拟电厂的调度方式主要采用内部优化调度和外部优化调度两种。内部优化调度主要是虚拟电厂对自身内部多个电源的容量配置或出力进行优化调度，外部调度则是由电力调度将虚拟电厂当成一个整体进行优化调度。虚拟电厂系统不再进行内部优化调度，仅接受并执行调度指令。

在刚性场景下（外部优化调度模式）电力调度虚拟电厂响应电力调度指令，具备多时间尺度响应能力，包括秒级响应、分钟级响应、四小时级响应与日前响应。

（1）秒级响应：响应城市地调 AGC 指令，对地区电力提供调频服务。正常模式下储能电站在 0.5s 内可实现满功率出力，用户侧柔性可实现负荷秒级响应。

（2）分钟级响应（含 15min 响应）：响应城市地调 AGC 指令，对地区电力提供调峰服务。事故状态下根据调度指令减负荷，虚拟电厂接入用户侧与公共资源侧柔性可调负荷，在实际运行过程中实现分钟级响应。

（3）四小时级响应：根据每四小时一次新能源出力预测值修改日内计划曲线，

充分利用各类资源，尽力满足全额消纳。

（4）日前响应：根据对次日 96 点区域负荷精准预测及新能源出力情况发出邀约并给出储能电站发充电曲线，最终确定次日虚拟电厂 96 点计划曲线，实现经济调度，特殊情况下，配合城市错避峰指令需求，发出邀约并反馈结果。

3. 内部优化运行

虚拟电厂在柔性场景下根据市场、负荷、新能源出力等因素最终实现削峰填谷的作用。以控制中心为核心，设备层、发电层、负荷层以及电力市场层多层协调优化的内部调度模式。发电层负责向控制中心提供运行状态、出力预测等信息；负荷层根据负荷的重要程度进行优先级划分，将不同种类的负荷信息发送给上层控制中心。根据上层控制中心控制指令和自身约束动态调整发电/负荷量，并将自身电量信息等及时反馈给上层控制中心。虚拟电厂控制中心结合自身发电预测及区域内负荷预测等信息，对下层发电层运行计划进行调整，同时接收电力市场层下发的电价，以最大化自身效益为目标，采用友好互动虚拟电厂系统靶向精准决策技术、指令自动分配技术、多资源组合优化技术、虚拟储能优化协调控制技术等核心算法调整发电层运行策略，实现友好互动虚拟电厂系统内部优化调度。

4.4.3　车联网

4.4.3.1　研究背景

十八大以后，中共中央总书记习近平主持中央政治局会议，提出《关于改进工作作风，密切联系群众的八项规定》（简称《规定》）。《规定》明确提出要厉行勤俭节约、轻车简从的低调处事原则，确立了厉行节约、务实高效、公开透明的原则，明确了机关公务车运行经费、资产和服务管理等事务管理的主要内容。2018 年，工信部曾发布《国家车联网产业标准体系建设指南（总体要求）》《国家车联网产业标准体系建设指南（信息通信）》《国家车联网产业标准体系建设指南（电子产品与服务）》等利好政策，进一步推动车联网产业技术研发和标准制定，促进中国车联网产业发展。

4.4.3.2　业务概述

车辆管理平台整体业务功能主要由统一车辆管理平台、通信平台及智能车载终端三部分组成。车辆管理平台主要包含车辆资源管理、车辆运行管理、车辆成本管理、车辆监控管理、预警提醒管理、统计分析管理等功能，构建公司车辆从计划到采购、申请及运行、监控及预警、保养及维护、处置及报废全过程、全业务的信息化管理，实现用户车辆管理的可控、能控、在控。通信平台支持车载终端轨迹及报警信息上传，查看车载终端报文数据。车载智能终端支持监控定位、通信，提供超速报警、越界报警、故障报警等信息，能够支撑企业车辆监控及运行需要。

（1）统一车辆管理。①车辆平台资源管理模块，满足不同层级用户对车辆台账信息的全维度查询需求，支持车辆计划采购、台账新增、信息变更、处置报废全寿命周期管理；②车辆运行管理模块，为各单位车辆日常规范出行提供管理渠道，支持用户用车申请、审批、车辆调度、归队登记、用车服务评价等，支持周期用车、维保派车、抢修调度、合并派车等不同用车场景；③车辆成本管理模块，支持车辆的油费、保险费用、年检费用、车装车饰、过路过桥等各种费用的更新维护及统计查询功能，依托于此模块掌握整体车辆费用使用情况，为车辆费用划拨、车辆的报废更新提供决策依据；④车辆监控管理模块，支持车辆跟踪定位、历史轨迹回放、电子围栏、禁区、车库设置、假日用车等功能应用，满足不同用户对车辆运行监控管理需要，实现车辆运行信息全程可追溯；⑤预警提醒管理模块支持超速报警提醒、疲劳驾驶等多种信息统计与查询功能，为用户车辆的安全出行、规范用车提供数据支撑；⑥统计分析管理模块，支持按照车辆资产、车辆运行、车辆监控以及成本维度进行数据挖掘和分析，为公司车辆管理人员对车辆资产情况、车辆运行情况、车辆监控情况以及车辆运行成本等提供辅助决策分析。

（2）通信平台通过使用多线程、异步网络 IO、MSMQ 等技术，解决车载终端数量多、并发高、数据量大、数据易丢失、移动网络不稳定等问题，同时在数据报文上面采取加密的方式，保障数据安全。通信平台不仅支持普迅车载终端产品，还可以兼容其他车载终端产品，适用于车载终端应用多而杂的企业，能有效解决分布地域广、并发量高、数据量大、数据易丢失、移动网络不稳定、数据安全不能得到保障等问题，为车辆管理平台提供高效率的数据通信及相关数据操作服务，并为其他业务应用系统提供高并发、大数据量的后台通信应用提供支持。

4.4.3.3　应用架构与技术架构

1. 车联网服务应用架构

统一车辆管理平台、业务主要包括系统基础数据、资源基础数据、车辆业务数据、应用服务数据等数据层次，需与外部 10 余个业务平台进行数据集成，统一车辆管理平台服务对象为各级单位的车辆使用部门，集中管理车辆的资产属性、运行服务及关联业务数据。通过对用户属性进行分解、归纳，以用户视角，形成统一车辆管理平台应用架构如图 4-26 所示。

根据主要用户，分别分析其业务需求，归纳总结出平台主要业务，可划分为工作申请、审批、车辆调度、运维管理等业务主线。车辆运行申请预审批业务涉及各级单位，由部门员工提出，本单位审批通过后即可推送至车辆调度部门，关联车辆调度流程。车辆资产申请及审批业务涉及各级单位，由有申请职责的员工提出，本单位审批通过后报请上级主管部门审批，上报国网后勤部审批后，方可按编制进行车辆的新增/变更/报废/租赁。车辆调度业务为各单位调度人员的主职业务，涵盖车辆正常调度、抢修、运维等特殊调度流程的发起与终结，以及车队及驾驶员管理，车辆实时状态监控、车辆历史轨迹调控、车辆的运行状态分析、车辆报警通知、车载终端监控、车辆费用管控等主职工作。

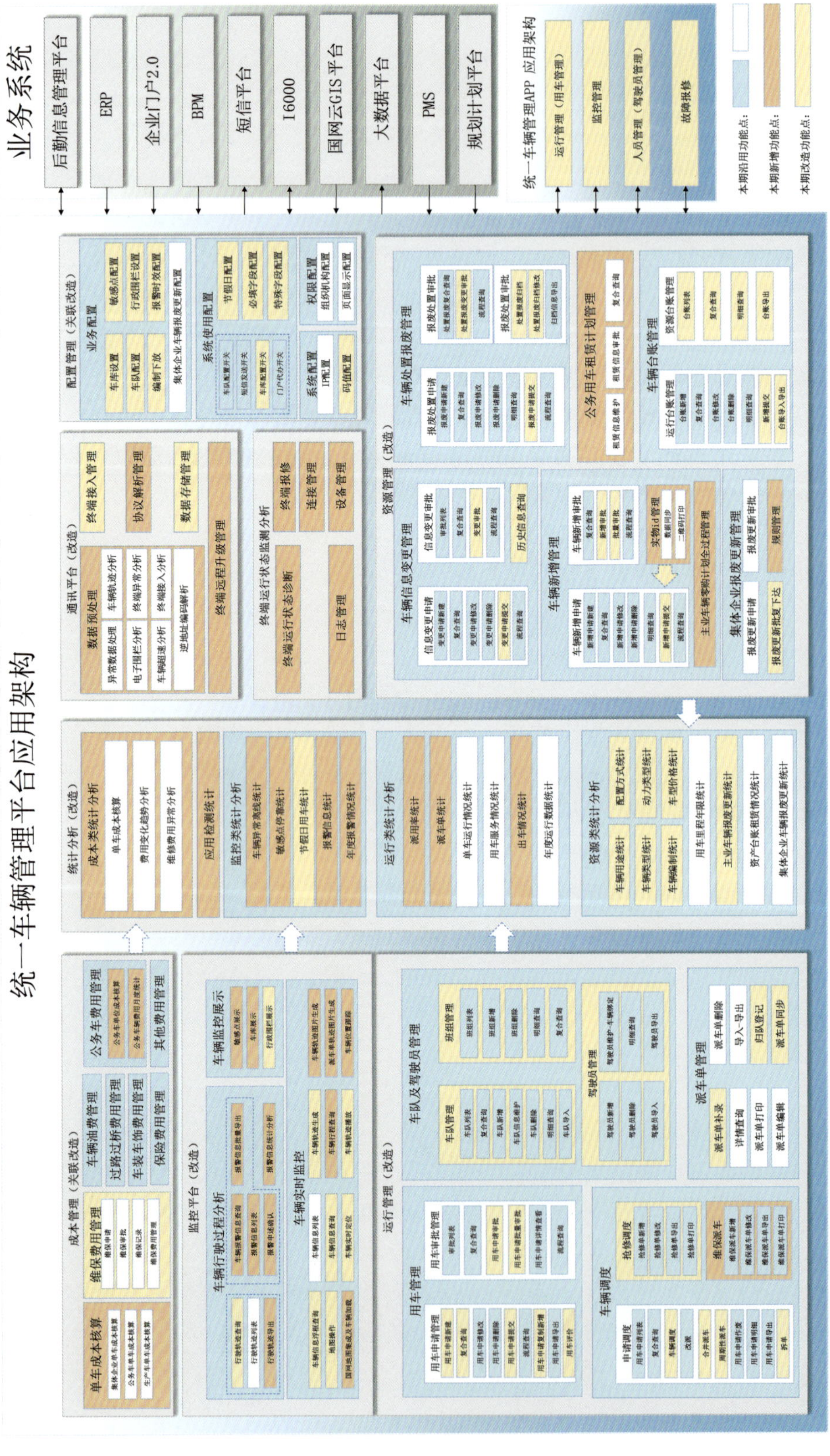

图 4-26　统一车辆管理平台应用架构

2. 车联网服务技术架构

统一车辆管理平台技术架构平台的逻辑模型可分为：数据层、服务层、应用层，技术架构图如图 4-27 所示。

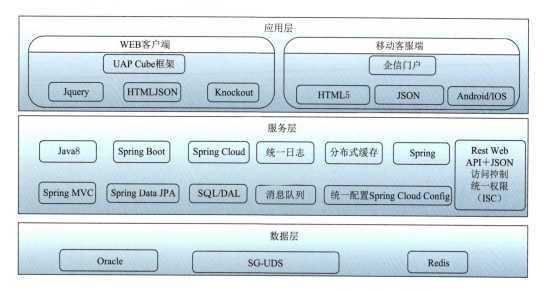

图 4-27 统一车辆管理平台技术架构

（1）数据层。数据访问层把数据库相关的操作封装在业务基础组件架构中，业务逻辑层以对象的方式操作数据，业务逻辑层所需要持久化的数据也可以由数据持久层映射到数据库。为了提高平台的灵活性和开发效率，业务基础组件架构采用统一的方式提供数据获取服务。数据层还将加入针对不同类型数据的分析和处理策略，从而在一次业务处理之后，通过业务对象的变化可以同时产生过程数据、实体数据和用于分析的数据，并将其持久化，简化业务逻辑层的输出，提高业务逻辑层的处理效率。

（2）服务层。平台服务层在统一部署的服务器集群中，分别部署并启用分布式缓存、统一日志、消息队列、统一配置、统一权限等应用服务，可实现应用独立部署、升级，解决大系统检修调试逻辑复杂等问题。

（3）应用层。系统应用层分 Web 端和移动端分别部署，Web 端综合使用 UAP Cube、Jquery、HTMLJSON、Knochout 框架，实现前端应用，移动客户端部署于企信门户，支持 Android 和 IOS 双系统应用，使用 HTML5、JSON 将技术进行展示和数据传输。

4.4.3.4 应用场景

车辆管理平台产品可面向政府、大型企业、公共交通、银行、消防、电力、物流、保险、烟草、租车等行业，提供专业车辆管理服务，可为用户提供面向车辆全生命周期管理的专业车辆管理及运营服务。

1. 车辆资产管理服务

车辆资产数据作为公司车辆管理的核心，车辆资产管理服务主要为用户提供车辆信息管理支撑，提供车辆从购置、新增、变更、处置以及报废全过程服务，支撑对车辆资产全过程管理。提供车辆信息追踪溯源功能，为资产审核、资产审计提供决策支撑服务。

2. 车辆出行监控服务

智慧出行调度提供用车出行、智能调度、出行公共服务等出行服务，为各单位车辆管理规范出行提供管理渠道，提供多场景用车出行支撑管理人员对车辆出行信息追溯管理需求，减轻调度人员工作负担，提升用车安全，改善出行体验，减少出行预算。

车辆监控提供车辆监控服务、安全预警提醒服务，支撑车辆实时在线监控和车辆安全出行，为车辆管理人员提供决策支撑。

车辆预警提醒服务，借助终端相关数据进行预警数据统计及分析功能，为用户车辆的安全出行、规范用车提供数据支撑。

3. 车辆成本管理服务

车辆成本服务用于满足用户管理车辆所有成本信息，让用户掌握企业车辆成本状况。费用管理服务为用户提供录入和管理固定成本和变动成本的平台优化车辆使用方案，成本服务为用户解决管理成本信息、降低使用成本的问题。

4. 车辆数据统计分析服务

结合基础应用服务，数据统计分析服务提供车辆编制测算、区域调剂、缺编、超编及超标合理性决策方案，提高车辆资产利用率和资产管理水平；结合车辆多场景用车信息以及车辆监控的预警、监测，提供车辆运行情况跟踪，安全出行数据统计服务，为管理人员提供车辆出行相关决策支撑；成本决策辅助服务辅助用户，依靠成本服务与数据服务结合实现，数据分析服务产生的数据分析结果为成本决策辅助服务提供数据支撑，为用户提供车辆管理依据，降低车辆使用成本。

5. 车辆租赁管理服务

采取与车辆租赁公司合作模式，提供车辆租赁及车辆退租服务，推荐最优车辆及价格，解决车辆使用不足问题，降低车辆租赁选择周期和成本；充分利用社会资源，择优选取，降低车辆使用成本。

4.5　培育发展新型业务

近年来，随着工业制造和互联网创新科技的飞速发展，物流作为国民经济的重要组成部分和基础资源配置，推动绿色、智能、现代物流发展，受到国家高度关注。电网企业大力促进电动汽车产业发展，积极探索新能源电力综合服务在物流领域的融合创新。本节以智慧物流为例，介绍电网企业如何通过电力物联网培育发展新型业务。

4.5.1 研究背景

物流城市配送市场容量超过万亿，电网公司大力促进电动汽车产业发展，为物流领域的市场推广构建了强大的基础设施和补给网络支撑。利用电力物联网实时感知特点，通过"互联网＋新能源＋物流"新模式，创新"线上智慧共享平台＋线下综合服务网络"模式，依托物流集散地科学布点线下充换电服务场站，有效解决新能源配送用车的里程焦虑问题及弹性化统筹集货的需求，有力支撑国家新能源政策的落地实施，降低整个物流业态运营综合成本，为物流生态圈创造共赢价值。

4.5.2 业务概述

以"大数据"为基础，以服务物流行业电能替代的产业互联网平台为核心。通过平台为物流行业提供整体信息化解决方案、打通多元化的商流服务通道，汇聚供应链上下游信息，实现"车、桩、路、网"数据贯通，提供充换电站（桩）选址、规划、建设、运营全场景在线可视化和全过程溯源。为电动汽车服务提供客户价值挖掘、商业模式评估、经营效益分析、车后服务跟踪、物流撮合等一站式解决方案。智慧物流共享服务平台主要包括3个方面内容：城市配送服务平台、新能源电力综合服务场站及物流大数据中心。

1. 城市配送服务平台

平台充分运用大数据、物联网、移动应用、人工智能等新技术，开展物流业务在线撮合、车货匹配、仓储运输规划、智能配载、新能源车智能寻桩、在线结算、车队管理、园区管理、会员管理等业务，为中小物流企业提供业务、管理、结算一体化软件服务。主要介绍下述三个特色服务。

1）车货匹配。对B端签约物流企业，在起点相对固定、货物相对丰富的条件下，提供整车车货匹配业务。统筹中小干线企业小批量的发货需求以及临时性零担需求，提供拼单撮合车货匹配业务，提升运输效率，降低物流配送费用30％。此外，通过大数据算法分析，对接货运需求与运力供给，提升单车利用率，完善商户货主、司机认证及评分体系。

2）车队管理。绑定新能源物流车，通过对车辆路径管理、能耗管理、定位管理等功能，帮助中小物流企业或者车队实现安全管理、成本控制，优化车辆调度，提升物流效率，同时为新能源物流车司机提供智能找桩、接单服务。

3）数据增值。聚合绿色智慧物流共享服务平台上的物流企业信息、车辆信息、交易信息、订单信息、充电信息等，进行大数据挖掘，为金融、保险、广告提供可信数据依据，同时服务物流精细化管理。

2. 新能源电力综合服务场站

根据城市物流集散枢纽、充电设施的布局情况，通过线下服务网络，科学布点新能源城市配送综合服务站。综合服务站作为新能源城市配送共享物流体系的基础设施，具备新能源配送车辆的充电服务、换电服务、储能服务、峰平谷电力交易服务、集货区服务以及集休息、用餐、洗车一体的配套服务区，满足物流行业的专业设计和诉求，实现能源流、数据流、业务流的"三流合一"，打造城市配送的网络布局。

3. 物流大数据中心

绿色智慧物流大数据中心聚焦"新能源物流产业"，通过汇聚电网、物流园区、物流企业、社会化物流数据，助力新能源城市配送物流产业转型升级，支撑政府和行业资源优化配置决策，推动绿色、智能、现代物流发展，为物流生态圈创造共赢价值，助力城市实体经济高质量发展。大数据中心的服务对象和内容如下：

1）物流基础资源服务：依托城市配送服务平台的物流撮合数据，汇聚物流企业、物流园区、生产制造企业的物流数据，提供企业、设施、园区、专区、城市的产业结构分布、运输配载的区域分布热度、园区枢纽吞吐量、物流费用成本趋势等基础资源统计信息。

2）面向企业服务：根据平台所汇聚的物流园区、物流集散地、物流场站的车辆动态信息、仓储出入信息、产值信息、投资融资信息、燃油或新能源能耗信息，构建物流企业画像，以物流运营数据反映企业盈利能力、偿债能力、运营能力和发展能力。

3）面向行业服务：根据物流撮合数据，统计车－货、园区－货、装备供应等分布；根据加油站、加气站、充电站分布情况以及补给情况，分析新能源物流产业结构及景气指数；根据运输路径、充电路径分析新能源设施布局合理性及缺口。综合反映新能源物流枢纽和货运分布情况、物流车辆新能源及燃油补给情况、新能源物流车替代情况、新能源物流集散与新能源基础设施分布情况等，据此分析物流行业的新能源产业结构及资源配置优化方案。

4）面向政府服务：依据新能源物流产业结构、新能源社会物流收入结构、新能源社会物流费用结构等，综合分析与社会宏观经济的关系，为政府提供定制化统计数据，支撑政府在优化调整资源配置、评估服务绩效、引导行业完善服务、加强政府监管等方面提供决策支撑。

4.5.3 应用架构与技术架构

智慧物流共享服务平台，包括"3个平台、1个数据中心、1个网站"以及与地方政务、产业的协作和信息集成（图4－28）。"3个平台"指城市配送服务平台、绿色智慧物流大数据服务平台以及供应链金融服务平台。"1个数据中心"指绿色智慧物流大数据中心。"1个网站"指绿色智慧物流共享服务平台门户网站。

（1）城市配送服务平台：功能包括会员管理（企业注册、货主、车企管理、会员权益及服务管理）、撮合管理（供需信息发布管理、在线车货匹配、在线合同管

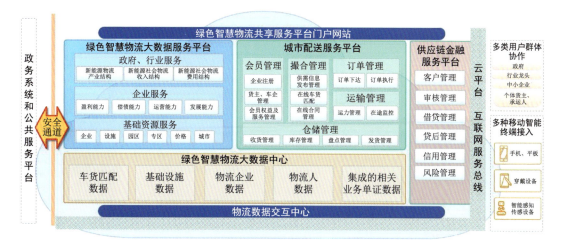

图 4-28 智慧物流共享服务平台应用架构

理）、订单管理（订单下达、订单执行）、运输管理〔运力管理、在途监控、仓储管理（收货管理、库存管理、盘点管理、发货管理）〕等功能。

（2）绿色智慧物流大数据服务平台：功能包括基础资源服务（企业、设施、园区、专区、价格、城市）、企业服务（盈利能力、偿债能力、运营能力、发展能力）、政府及行业服务（新能源物流产业结构、新能源社会物流收入结构、新能源社会物流费用结构）等。

（3）供应链金融服务平台：功能包括客户管理、审核管理、借贷管理、贷后管理、信用管理、风险管理等功能。

（4）绿色智慧物流大数据中心：融合车货匹配数据、基础设施数据、物流企业数据、物流人数据、集成的相关业务单证数据。

（5）智慧物流共享服务平台门户网站：作为智慧共享服务平台对外提供互联网服务的窗口。

智慧物流共享服务平台，应用智能电网和电力物联网建设应用场景验证的新技术，构建以"工业芯"为核心，涵盖通信、信息、数据、集成、运维、位置、安全的信息通信技术链（平台技术架构如图 4-29 所示）。主要技术应用如下：

（1）工业芯片：电网公司开发的自主芯片产品（例如国家电网公司的"国网芯"），为电网供应芯片超过 7 亿颗，安全稳定运行超过 65000h，并在石油石化、汽车电子、节能环保等领域实现广泛应用，部分产品随终端出口至比利时等 10 余国家。拥有安全、通信、传感、射频识别及超低功耗主控芯片等产品生产线。

（2）北斗及地理信息：电网 100% 管理信息系统和 90% 调控系统采用北斗授时，90% 公务、生产车辆使用了北斗定位终端，7000 余套用电采集终端使用北斗短报文通信；GIS 平台管理电网设备设施约 17.76 亿台套，导航地图、2.5m 影像地图、亚米影像地图、1：2000 矢量数据数据量达 270TB，建成了全维度的设备设

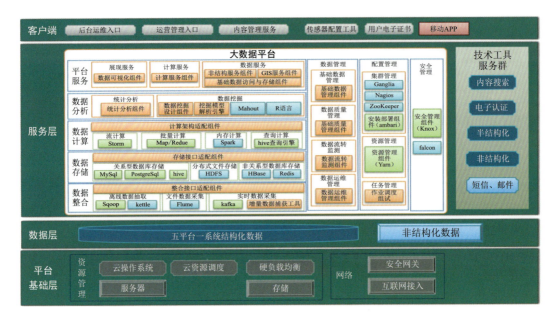

图 4-29　智慧物流共享服务平台技术架构

施空间数据模型，提供了电网图形和分析服务的企业级电网空间信息服务。

（3）车联网：基于北斗/GPS构建面向车联网全生命周期的统一车辆管理产品，涵盖车辆资产管理、车载监控指挥和车辆智慧出行服务等综合车辆解决方案。

4.5.4　应用场景

打造物流行业的新能源综合服务平台及大数据服务中心。聚焦"物流城市配送领域"，通过"线上智慧共享平台＋线下综合服务场站"的模式，为园区、物流企业、车队等提供物流供需撮合、新能源综合服务、物流大数据分析等服务。聚焦"新能源物流产业"，通过汇聚电网、物流园区、物流企业、"空铁公水"社会化物流数据，以物流带动能源流、数据流、信息流，助力新能源城市配送物流产业转型升级，支撑政府和行业资源优化配置决策，推动绿色、智能、现代物流发展，为物流生态圈创造共赢价值，助力城市实体经济高质量发展。

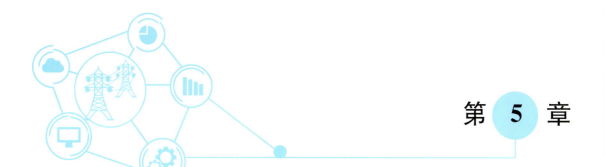

第 5 章

典 型 案 例

5.1 提升客户服务水平

5.1.1 国网公司"网上国网"

　　"网上国网"是国网公司以打造"客户极致体验"为目标,基于客户能源消费习惯,依托互联网前沿技术,整合线上、线下服务渠道,构建的传统供电服务、新型综合能源服务领域的统一在线公共服务平台。"网上国网"是国网公司供电服务主入口,也是电力物联网主入口,承载着链接客户、汇聚资源、对接供需、创新业态、构建生态的重要使命,是客户侧电力物联网建设的重要基础和支撑。

　　国网公司于 2018 年一季度启动"网上国网"项目建设。建设中引入了互联网用户思维,通过细分客户群体,实现服务场景专属定制,完成多户业务一键满足,融合新型业务,实现多元需求一网通办,精简服务流程,实现营商环境优化提升。提供传统办电和新型业务服务全覆盖,目标是将"网上国网"APP 打造成为全国公共服务行业的标杆性产品。具体来说,整合了掌上电力、电 e 宝、95598 网站以及车联网、分布式光伏在线服务资源,统一在线客户服务入口、实现缴费、业扩、光伏、电动汽车、金融服务、能源电商等业务"一网通办"。构建了全新"5+N"服务频道,为住宅、电动车、店铺、企事业、新能源 5 类客户提供便捷办电、智慧用能等多元化服务,规划设计了 135 个线上服务场景。在住宅频道,"网上国网"APP 可为低压居民客户提供交费、办电等基础性服务,辅助用能分析、积分、商城等特色化服务。电动车频道为电动汽车用户提供充值、找桩充电、一网通办等专业化服务,店铺频道为低压非居民客户提供交费、办电等基础性服务,侧重电费账单、用能分析、电费金融等专属化服务。企事业频道为高压客户提供办电服务,强化负荷监测分析、能效诊断等专业化服务。新能源频道,则为光伏客户提供建站咨询、光伏报装、运行监测、上网电费及补贴结算等特色服务。"网上国网"与政府数据贯通，实现办电业务"一证通办"，17项简单业务"一次都不跑"，4项变更业务即时办结，实现交费、办电、能源服务等业务"一网通办"。此外，"网上国网"已开放18项中台能力，支撑"山东彩虹营业厅""浙里办""渝快办"等政务平台受理办电业务，扩展"三零"服务至各市政领域；创新试点推出"租房管理""专属客户经理"等电力网格化服务产品，畅通一线供电人员与客户间的联络渠道；完成95598报修工单聚合与营业厅终端试点应用，实现线下渠道同步接入业务中台，带动各单位与社会化服务资源生产动能，为客户提供互动化、多元化的电力综合服务。

国网浙江省电力公司作为前期试点运营单位，于2019年4月率先全省推广。2019年9月初，山东、上海、江苏、湖南电力等开始首批推广使用。截至2019年12月，"掌上电力2019"APP在各大应用商城正式上架，向系统27家省级电力公司的客户开放业务功能，注册客户总数已突破1890万，APP日活跃客户最高达80万，月活跃率保持在50%，线上交费业务累计565万笔，交易金额达7.48亿元，在线客服单日业务量突破3万件。通过"掌上电力2019"APP交费、办电、报修、咨询逐渐成为广大客户的首选，传统电力服务转移至线上平台成效初显。

5.1.2　国网公司新一代智能电表

新一代智能电表使得电能表从满足最基本的计量需求设备转型为集计量、通信、数据采集、控制等多功能的新型智慧能源网关的技术需求。电能表作为智能电网营销业务、用电信息和能源分配的末端，覆盖范围广，目前已安装4.9亿只，是故障抢修、电力交易、客户服务、配网运行、电能质量监测等业务的基础数据来源，在支撑电力物联网感知层建设方面具有先发优势。为进一步拓展智能电能表功能、满足国际法制计量组织（OIML）颁布的IR46《有功电能表》国际标准要求，提高产品的灵活性、可靠性和安全性，满足电力物联网的建设需求和未来各类功能扩展和高级应用的需求，国网营销部组织开展了新一代智能电能表的研发和验证工作。

新一代智能电能表框图如图5-1所示，采用多芯模组化设计理念，计量芯与管理芯相对独立，同时配备上下行通信模块以及各类业务应用模块，非计量芯均可独立升级，各类业务应用模块灵活配置，在确保计量功能精准、可靠的前提下为未来所需要拓展的业务需求预留充分的空间。目前已经实现的扩展模块有居民用电负荷识别模块、电动汽车有序充电模块以及"多表集抄"模块。

新一代智能电表包含的磁传感芯片能实时监测环境磁场干扰，记录强磁场窃电事件。

采用HPLC（高速载波通信）可支持高频数据采集、低压停电事件主动上报、时钟精准管理、相位自动识别、户变关系智能识别、电表档案自动同步、通信信能检测和网络优化；支撑分布式电源和电动汽车充电桩的采集监控、台区线损精准分

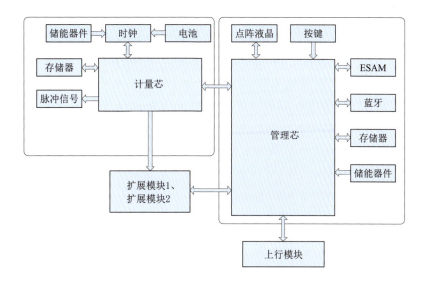

图 5-1 新一代智能电能表框图

析、三相不平衡治理、配贯通档案校核、线路阻抗分析和故障研判、"多表合一"信息采集。

设计方案中增加了计量误差自监测功能和端子测温功能。

关口互感器作为关口计量装置,其误差将直接影响电能量贸易结算和线损计算。误差原因主要来自环境参数、电网频率、二次负荷、安装位置、二次降压等多种因素。新一代智能电表包含的电力互感器在线监测器,具有电力互感器运行误差评价,规范电力互感器的型式评价、现场检定及运行模式。

非介入式负荷辨识功能是新一代智能电能表应用的重要功能模块,是电能计量设备实现电力物联技术的重要载体,也是电能计量数据维度拓展的有效途径。非介入式负荷辨识是一种在电力负荷输入总线端获取负荷数据(电压、电流),并通过模式识别算法分解用户用电负荷成分实现分项计量功能的高级量测技术。该技术与智能电能表结合,利用电能表的计量数据资源,通过用电信息采集系统及主站完成用户用电负荷类型和用电量的量测。具备非介入式负荷辨识功能的电能表在江苏、天津和浙江等地开展了小规模的试点验证工作,相关运行数据已应用于指导用户科学用电,支撑计量衍生服务、电网建设运行和政府宏观决策。

5.1.3 国网公司优化营商环境新举措

1. 上海电力"Free"办电新模式

上海电力于 2018 年推出"Free"1.0 办电新模式,发现并解决环节、时限、成本、供电可靠性等小微企业办电的"痛点",实施延伸投资界面、客户电能表、压减办电环节、提高供电可靠性等多项改革措施,实现了 2452 户低压工商业客户的平均接电时间小于 10 天。继"Free"2.0 改革新举措后,上海电力与 2019 年底又推出了"Free"3.0 改革新举措"五新五优"。"五新五优"分别为：服务新体验，办电环节最优；联审新平台，接电时长最优；能源新生态，综合能效最优；投资新模式，用电成本最优；保障新机制，供电品质最优。在办电环节方面，积极推行线上申请办电和签订电子供用电合同，将客户办电环节进一步压减为"申请签约""施工接电"两个环节。接电时长方面，低压小微企业平均接电时间不超过 5 天，最长接电时间不超过 15 天。获电成本方面，继续实施延伸投资界面至客户电能表政策，承担 160kW 及以下小微企业接电工程的全部投资成本，将客户办电"零投资""零保证金"制度化，2019 年以来累计投资 3.4 亿元，惠及 1.49 万户小微企业客户。

2. 北京电力"三零"专项服务

"零上门、零审批、零投资"的"三零"专项服务行动，旨在为小微企业精简办理流程、加快接电速度、降低接电成本。2019 年，北京电力在进一步深化"三零"服务方面新推出三项改革创新。一是线上服务渠道更加丰富，"三零"服务合同可在线上电子化签订。二是业务办理时间进一步压缩，低压项目掘路审批手续办理由原来的"一串四并"改为"五并"，办理时长由 15 天压缩至 5 天。三是电费透明度进一步提升，客户可通过"掌上电力"APP、95598 网站等线上渠道查询电量电费，且电费电价政策更加透明。此外，北京电力深入分析客户需求，针对 10kV 临时用电客户面临的手续多、资料多、时间长、成本高等问题，创新推出临时用电"省时、省力、省钱"的"三省"服务，打破了之前由用电客户作为实施主体的工程模式，为客户提供从报装接电到后期维护的全过程服务，让客户切实感受到"三省"服务的便利、快捷和经济。

3. 福建泉州"票易领"

2019 年 5 月，国网福建电力泉州供电公司在营业厅中推出"票易领"增值税发票自助领取终端。客户只需首次在营业厅办理自助领取专用发票手续，每月缴清电费后，营业厅工作人员就会提前将开具的增值税专用发票放入"票易领"增值税发票自助领取终端，并触发提醒短信发送到客户绑定手机。收到提醒短信的客户仅需输入电表户号及服务密码或者使用领票卡即可通过"票易领"自助领取，全程用时不到 1min。该公司还通过建立后台大数据库记录用户每个月的取票时间，进行行为习惯分析，优化放票顺序，合理安排工作时间，降低重复工作率，实现"票易领"自助终端的智慧运营。未来，"票易领"自助终端还将实现异地预约线上存取，客户通过指定网站或者手机小程序可以轻松在线预约取票时间，也可以选择离自己最近的票易领自助终端进行领取，不再受时间位置的约束。

4. 上海电力、河南电力等"一网通办"

上海电力实现了 12 项电力业务上线上海市政府"一网通办"平台，实现了用电业务全过程线上管理，可以及时获取企业注册、项目批文以及选线、证照办理结果等电子证照信息，提高办点效率，接电总时长由 34 天压缩至 15 天内。河南电力在河南政务服务网及豫事办 APP 上挂接常用电力业务模块，让用户在办电过程中"简单业务一次都不跑，复杂业务最多跑一次"，实现快捷便民的数字化服务。

5. 河南电力"政企联办"

河南电力与河南省自然资源厅商定政企业务联办流程，进行政企业务数据共享，将双方业务串行关系改为并行，实现客户办理不动产过户时，可在不动产受理窗口直接提出办理电表过户需求，不动产业务平台将电表过户所涉及新产权证、客户身份证等信息推送给供电公司，由供电公司直接办结电表过户业务，全程无需客户再次向公司申请办理或提交资料，政企业务一次办妥。

5.2 提升企业经营绩效

5.2.1 国网公司移动办公

移动办公是电力物联网建设的重要组成部分，能够帮助各层级人员便捷处理办公事务、及时响应工作任务，大幅提高工作效率。此外以国网移动办公系统为例进行介绍。

国网公司移动办公如图 5-2 所示，能够实现移动公文办理、督查督办、会议管理、值班文电、信息工作、综合审批等事项。与此同时，部署全方位、多层次技术防护措施并实施 24h 监控，确保移动办公可控、能控和在控；制（修）订移动办公管理办法、保密工作管理办法，编制运维导则和应急预案，健全运维和应急机制，保障系统稳定运行。此外，为更好地指导各单位员工开展远程移动办公，国网公司印发了《远程移动办公指南》。

图 5-2 国网公司移动办公示例

远程办公有助于突破时空限制，提高办公效率；突破办公模式，激发基层活力；强化信息服务，提升工作价值；提升办公效能，节约办公成本。从效率方面来讲，移动办公使得平均文件流转时长降低了 33%，个人平均待办时长减少了 3h。

此外，移动办公有助于确保特殊时期企业正常运转、电力供应安全。2020 年新冠肺炎疫情期间，总部通过移动办公发出一道道指令、一个个部署，有条不紊，指挥国家电网干部员工在 26 个省级行政区域和疫情作战。在重疫区湖北，国网湖北电力领导班子每天上午 8 点半准时召开视频早会，各部门采取远程办公等形式开展非现场工作。

5.2.2　与铁塔公司"共享铁塔"

电网公司输电铁塔遍布全国，相当一部分可满足通信设备挂载要求，且铁塔上的 OPGW 通信线路可传输通信信息。输电铁塔向中国铁塔公司开放，实现资源共享，符合绿色发展和协调发展理念，具有良好的经济效益和社会效益。电力塔和通信塔开放共享，将对推动电力和通信基础设施协调发展带来数项重大"利好"：利用密布全国的电力杆塔用于通信建设，可促进电信网络广覆盖、快覆盖，有力支撑"网络强国"战略实施，支撑 4G 网络覆盖和 5G 网络部署；推动形成电力和通信企业共建共享合作模式，可以促进电网企业盘活资源，提高效益，有利于国有资产保值增值和放大功能；有效减少新增通信铁塔基站占用土地资源，为践行绿色发展、协调发展理念树立样板。

2018 年 4 月 24 日，国网公司与中国铁塔公司签署战略合作协议。根据协议，双方将开启"共享铁塔"的全新合作模式。2018 年 6 月 25 日，重庆市开通首座电力塔无线通信基站，标志着电力通信"共享铁塔"正式投运。2019 年 7 月，国网信通产业集团与中国移动政企分公司签订战略合作协议，共同推进基础资源商业化运营工作。2019 年 9 月，国网重庆市电力公司与重庆市通信管理局及相关通信企业共同签署《重庆市 5G 通信基础设施与电力基础设施战略合作协议》，将积极推进重庆市信息通信和电力基础设施共同提升，全面支撑 5G 新技术推广，全面提升通信行业电力保障能力和供电服务水平。其中，双方强化电力与通信的共建共享。全面开放电力杆塔资源加装通信设备，建立电力杆塔加装通信基站工作流程，支持 5G 网络快速部署。共同成立 5G 应用研究实验室，探索 5G 低时延、高可靠、网络切片等技术在电力控制类场景的应用和可靠性验证，推动综合能源小区、能源充电站、港口岸用电等能源互联网化的建设方面开展探讨与合作。建立应急抢修和维护协作方面形成联动体系。此外，国网陕西电力公司与运营商签订合同，租赁杆沟资源 18012 条和纤芯资源 2439 对芯。国网江苏电力 2019 年以共享模式建设专网基站 792 座，出租电力杆塔 44 处。

此外，2018 年，中国南方电网有限责任公司云南公司与中国铁塔股份有限公司云南分公司达成协议，推行"共享铁塔"合作模式，推动电力与通信领域实现跨行业资源共享。

5.2.3　国网公司"多站融合"

"多站融合"是指电网公司在已有变电站资源的基础上，融合建设数据中心站、充换电站、储能站、5G 基站、北斗基站、光伏站等，通过深挖变电站资源价值，对内支撑坚强智能电网业务，对外培育电力物联网市场，提升企业经营绩效。

2019 年 7 月，国网重庆电力公司与国网信息通信产业集团合作，将重庆市庆江北沙沟 110kV 变电站建设为"多站融合"站点，并实现了云边协同、联网运营。该变电站已为腾讯云游戏、爱奇艺视频、CDN（内容分发网络）下沉节点提供计算、存储等服务。通过云边协同，极大提高游戏、视频等用户体验，并带动新业务发展。

2019 年 7 月，天津滨海中新生态城供电营业厅多站融合试点正式建成开通，主要面向社会提供综合服务。该站所依托营业厅区位覆盖优势及优秀的信息化基础设施资源，以极短的建设周期完成了边缘数据中心的建设及业务加载联网运营。已完成一期 2 台机柜业务部署，云化 50％资源，围绕生态城周边用户开展腾讯视频、Start 云游戏、爱奇艺奇速播等业务，创新商业模式。

2019 年 8 月，国网福建电力厦门天湖开关站增设了 5G 基站和边缘计算站，实现了"多站融合"，集电网开关站与 5G 基站、边缘计算站于一体，不仅具备传统配电站房的供电功能，还实现了周边 5G 网络覆盖，并可提供边缘计算、物联网等技术服务。该站提供的基于边缘计算的视频图像预处理服务，将提高视频分析的速度和效率，在城市治安、交通出行、应急管理等方面发挥重要作用，提高城市安全预警与治理效率。此外，供电网络的用电信息采集、配电自动化、机器人巡检等也能获得 5G 技术支撑，实现物联技术在配电网络的有效应用，提高运行维护的精细化管理和智慧化决策水平。

此外，国网黑龙江电力也在推进"多站融合"建设，示意图如图 5-3 所示，利用变电站内闲置空间、沟道杆塔、通信网络等资源，建设数据中心站、储能站、北斗微型基准站、4G/5G 基站，在满足自身业务需求同时，通过对外开展资源租赁，探索运营新模式。其中，数据中心站已开始对外租赁业务；与联通公司签订战略合作协议，利用站内杆塔等资源，向运营商提供 4G/5G 基站站址出租；建立北斗卫星基准站，提供满足电力业务需求的时空精准位置服务，满足公司规划、运检、基建、营销、调度等业务高精度定位。

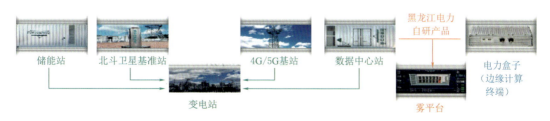

图 5-3 国网黑龙江电力"多站融合"示意图

5.3　提升电网安全经济运行水平

5.3.1　配电物联网

配电物联网是传统工业技术与物联网技术深度融合产生的一种新型电力网络形态，通过配电网设备间的全面互联、互通、互操作，实现配电网的全面感知、数据融合和智能应用，满足配电网精益化管理需求，支撑能源互联网快速发展，其做支撑建设的是新一代电力系统中的智能配电网。从应用形式上，配电物联网的应用具有终端即插即用、设备广泛互联、状态全面感知、应用模式升级、业务快速迭代、资源高效利用等特点。

配电物联网总体架构如图 5-4 所示，可以应用于设备状态监测、故障快速处置、电气火灾预警、线损精益管控等应用场景中。以山东济南东城逸家小区配电物联网为例，实现了包括 2 台变压器、9 台低压柜、6 台低压分支箱、26 台表箱及 78 台智能设备的物联网化改造，创新应用 28 项技术成果，有效验证了配电物联网新技术的实用化。其中，智能配变终端综合研判故障区间，定位停电范围能够精确到户；故障抢修通过云化主站进行智能化处置，变传统被动抢修为主动检修；自动精准识别"变-线-户"低压拓扑，有效解决营配数据贯通的难题；实时监测设备运行状态，针对性开展主动运维，实质提升供电可靠性；智能设备即插即用，最大化减少现场调试和运维工作量，有效提高建设效率。

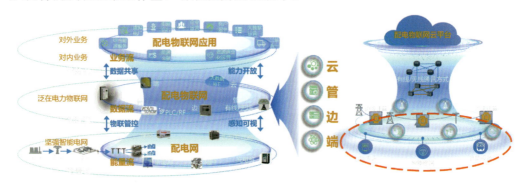

图 5-4　配电物联网总体架构

5.3.2　基于人工智能的配网运检

1. 江苏扬州"小艾"

"小艾"是国网江苏电力推出的人工智能指挥员，于 2019 年 7 月在江苏扬州上岗工作，如图 5-5 所示。"小艾"融合了语音识别、对话管理、实时通信、图像识别、流程自动化、专业知识聚合等基础能力，能够代替配电网抢修指挥人员对配电网设备异常进行自动感知，在发现故障后，经过智能研判，能够立即开展抢修指挥工作。只要辖区内有居民家中停电，"小艾"就可以自动感知到楼栋号，对故障进行研判，然后主动派发工单，实现全过程无人工干预，方便便捷。"小艾"用于配网抢修时，可将发现故障、故障研判、故障抢修整个过程的工作效率提高90%以上。

图 5-5 "小艾"工作界面及与工组人员互动

2. 浙江杭州"帕奇"

"帕奇"是国网浙江电力推出的人工智能配网调度员，于2019年1月在杭州余杭区上岗工作，如图5-6所示。借助知识图谱技术，"帕奇"学习了数十万字的调

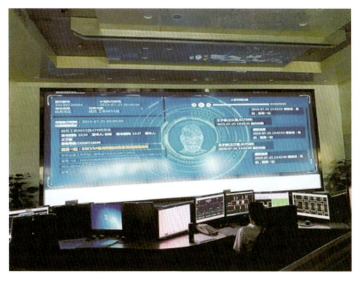

图 5-6 "帕奇"工作界面

度、安全规程、事故分析报告等材料以及设备、电网拓扑等基础数据，"帕奇"定制开发了多轮人机对话引擎和配网业务决策引擎，语音识别准确率达90％左右。因此，"帕奇"能够独立思考，听得懂业务汇报，并能正确下达指令。在完成快速指挥、处置现场故障外，"帕奇"还会同时通知最近的仓库为抢修人员准备好抢修材料、汇报抢修进度，并通过短信将故障情况通知受影响的用户。在工作效率方面，一条输电线路上发生故障时，首先要根据监控系统提供的故障信息，安排负荷转移恢复供电，人工调度员从判断到操作最快也要花近十分钟，"帕奇"能够对配网报警信息进行瞬间判断、瞬时处理，自动完成变电站全停负荷转移功能恢复送电这一系列动作。在"帕奇"的帮助下，配网倒闸操作等复杂业务平均耗时降至以往的2/5，工作效率提高了50％以上。

5.3.3　江苏南京全感知智能变电站

2019年5月，国网江苏电力将南京溧水区110kV南门变电站建成全国首个投运的智能全感知变电站。全感知智能变电站得益于智能感知元件、无线专网、边缘物联代理等设施的全面使用，部署了视频、温湿度、局放、振动等65套智能感知元件以及巡检机器人，实现了变压器、组合电器、开关柜及辅助设施设备本体及环境状态的全面深度感知。

巡检机器人（图5-7）是全感知变电站中的关键一员，机器人顶部装有两个摄像头，一个负责对机器外观进行检查，另一个则负责对机器运行状态，比如是否温度过高进行检测。该机器人按照预定的周期绕场巡查，通过传感发现如开关柜出现开关位置指示异常、温度过高等情况，便会第一时间发出预警，工作人员能及时知晓并作出处理。该机器人巡检具备红外测温和图像识别设备缺陷功能，解决了原有依赖人工巡检可能带来的漏检、误检以及缺陷识别及时率等问题，提高了变电站巡

图 5-7　全感知智能变电站中的巡检机器人

检的效率和质量，降低运维人员工作量。

除巡检机器人之外，全感知智能变电站中部署了大量的红外摄像头、套管介损监测、无线温度监测、局放监测、蓄电池监测等智能感知设备，可以实时对主设备状态进行检测，并进行实时分析，发现异常及时报警。为保障数据传输监测的及时可靠，南京供电公司还独立于目前电信、移动、联通等运营商，自建电力无线专网基站 326 座，覆盖面积 3610 余 km^2，涵盖溧水全境，并试点实现智能巡检、配电自动化、用电信息采集等 12 种业务 3000 多个终端的电力无线专网接入。

5.3.4　国网公司电力北斗精准服务网地基增强系统

北斗卫星导航系统是我国自主研发、独立运行的全球卫星导航系统。截至 2018 年 12 月，我国已建成了由自主研发的 35 颗"北斗导航卫星"组成的北斗三号卫星导航系统，具备全球定位导航服务能力。在电力行业，北斗主要用于定位与导航、授时授频、短报文服务等三个方面。

（1）在定位与导航方面，北斗可用于提供广域实时米级、分米级、厘米级和后处理毫米级高精度定位服务，在基建、运检、营销等业务得到广泛应用，保障设备安全性和电网可靠性，提高国网精益化管理水平。

（2）在授时授频方面，基于电力北斗统一时频网的建设，可以面向电力各用时系统提供纳秒、微秒和毫秒等各种精度的时间服务，为电力各用频系统提供各级标准的校频服务，并依托电力北斗精准服务网，建立覆盖国网的高精度授时校频服务平台，提供 5ns 以内时间同步精度、10～13 量级频率准确度的高精度授时授频服务实现电力时频体系自上而下的传递模式，确保电力时频的独立性、自主性、统一性和安全性。

（3）在短报文服务方面，随着北斗三号卫星导航系统的建成，其数据转发能力将提升至每 1 分钟 1000 个汉字。北斗短报文已在国网青海、陕西、甘肃、冀北、四川、福建、浙江电力等公司的用电信息采集、配电网在线监测、输电线路在线监测等业务领域中得到应用，切实解决了电力生产运行中的无公网地区通信数据回传问题，产生了显著的经济效益和社会效益。例如，国网冀北电力秦皇岛供电作为国网公司首家试点单位，应用北斗通讯的故障指示器等终端装备，在河北一线、河北二线、南一线等 9 条线路，安装 100 套北斗终端，实现了终端电压、电流、功率等信息通过北斗系统传输至北斗配电设备监测平台，形成了位置一张图、时间一条线、通信一个网的综合管理体系，实现了对配网运行状态全天候、无死角监控。

此外，国网公司正在推进建设电力北斗精准服务网地基增强系统，计划在 27 家网省公司建设北斗基准站 1200 座，统一提供北斗定位与导航、授时授频、短报文三种服务，实现国网公司范围全覆盖，应用于电力监测、电力巡检、现场作业安全管控、电力数据采集、营配贯通、应急救援等核心业务领域。

5.3.5　国网公司无人机巡视/可视化图像智能分析

随着电网设备规模的成倍增加，输电线路运维面临的压力和挑战也越来越大。2013 年起，无人机和可视化装置逐步规模化应用，可以实时监测输电线路状况，但随之而来的是海量图片的产生，需要人力逐一查看。以国网山东电力为例，配置了 600 架无人机，每年产生 120 万张图片；安装 4.5 万套可视化装置，每年产生 1.8 亿张图片。

国网设备部会同科技部、互联网部，组织联研院、国网山东电力等 10 家内部单位协同攻关，30 家外部科创企业共同参与，经过多次大规模技术验证、模型算法更新，攻克了输电线路巡视图像智能分析技术难关，实现了导地线断股、防震锤脱落、锁紧销缺失、绝缘子自爆、地线横担处有鸟巢、塔号牌断裂、塔基硬化开裂、树木与导线距离过近、吊车入侵、施工机械闯入、烟火、异物等输电线路巡检常见问题的识别。

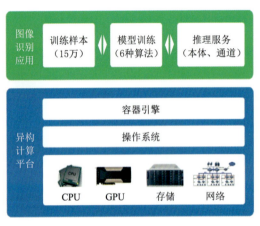

图 5-8　无人机巡视/可视化
图像智能分析技术方案

无人机巡视/可视化图像智能分析技术方案如图 5-8 所示。经过海量样本库建立、算法模型不断升级后，绝缘子自爆等缺陷的识别准确率从 30% 提升至 90%，销钉缺失等细小缺陷的识别率从 20% 提升至 88%，吊车入侵等通道隐患的识别准确率从 40% 提升到 95%。此外，识别本体图片的速度由 30s/张提升到 1s/张，识别通道图片的速度由 3s/张提升到 10ms/张。迭代周期由 6 个月/次提升至 1 个月/次。

截至 2019 年 9 月，无人机巡视图像智能分析已在国家电网公司的山东、浙江、安徽、福建、湖南、四川 6 个省公司、19 个地市公司共享应用。通道可视化图像智能分析，在山东、北京等公司落地应用。

5.3.6　基于 5G 技术的电网保护与控制

5G 技术由于具备"低时延、高可靠、大连接、高安全"等优势，未来有希望成为电力物联网的通信手段之一。随着我国 5G 技术商用化进程的不断推进，国网公司、南网公司均开展了 5G 技术的应用测试和试点，验证其对电网保护与控制业务的支撑能力。

基于 5G 技术的精准负荷控制是指通过精确切断工厂非连续生产负荷、家用热水器等可中断负荷，实现源网荷的友好互动和快速协调，重点解决电网故障初期频率快速跌落、主干通道潮流越限、省际联络线功率超用、电网旋转备用不足等问题。利用 5G 网络的毫秒级低时延能力，结合网络切片的服务等级协议（SLA）保障，提升了在突发电网负荷超载情况下对末端小颗粒度负荷单元的精准管理能力。国网江苏公司开展的测试，初步验证了核心网切片应用可行性，经实测端到端平均时延为 37ms，可以满足精准负荷控制 50ms 的端到端平均时延要求。基于 5G 技术的精准负荷控制系统如图 5-9 所示。

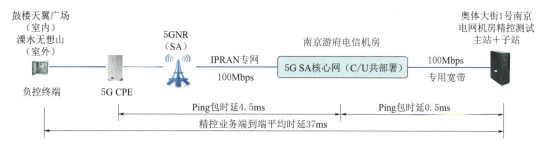

图 5-9 基于 5G 技术的精准负荷控制系统

2019 年 1 月，南网公司在深圳完成了基于 5G 网络的配网分布式差动保护业务外场测试，如图 5-10 所示。测试首次验证了 5G 网络的低时延（＜15ms）及高精度网络授时能力（＜10μs）满足电网控制类业务需求。基于 5G 的配电网同步相量测量外场综合测试，解决了装置间绝对时间难以同步和通信时延这两个技术痛点。此外，在应急通信方面通过电力应急通信车搭载 5G 基站或无人机搭载小型基站/通信终端升空的方式，实现 5G 现场自组网，空地立体覆盖，多路高清视频实时大带宽回传，有效支撑现场应急综合指挥调度决策。

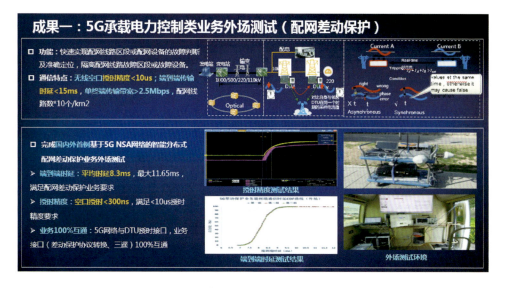

图 5-10 基于 5G 的配网分布式差动保护

5.3.7　福建莆田输电线路杆塔全方位位移在线监测

在台风、强降雨、持续低温等恶劣天气情况下，福建大部分地区易发生山体滑坡、泥石流等自然灾害，引发电力塔护坡塌方、电力设施覆冰等情况，进而导致断线、线路跳闸等事故，严重影响电网的安全稳定运行，对国家的经济造成重大的损失。2018 年初，莆田供电公司决定以输电线路杆塔全方位位移在线监测为研究项目，探索电网安全生产管理的新途径。

输电线路杆塔全方位位移在线监测装置由主机、太阳能板、固定支架等配件组成，并配套了高精度定位监测终端，实现 0.1°偏移值的监测。2018 年 11 月，莆田供电公司选择了 220kV 石进Ⅰ路、110kV 田忠线、南埭线等经过风区、雷区、山区的典型线路，总共安装了 33 台监测终端，分别采集这些区域的杆塔位移、倾斜数据。同时，该公司还通过结合当地气象情况、人工巡视结果进行双向论证，进一步检验应用效果。论证结果显示，该系统确实达到了预期的效果，起到了监测效果。试运行以来，共监测到 6 条告警。该公司工作人员根据预警，及时结合视频监控和人工巡视，巡视现场设备，排查隐患，有效提升了电网运行可靠性。

目前莆田本部共有输电线路责任段 877 段（115 条线路），以人工方式巡检，每轮巡视至少 8 人次，所有线路巡视一轮就需要不少于 877 人次。如今，通过该系统，可以有效覆盖整个莆田地区的输电杆塔，配套线路监控设备能够有效降低运维人员工作强度，不断提高维护管理准确性和电网运行可靠性。

该系统定位终端利用与卫星数据互传原理，可实现对各地区的电力塔杆进行精准定位，配套导航信息，缩短路途时长。以 110kV 田忠线为例，若事先发生杆塔倾斜、倒杆事件，系统就会提前预警，运维抢修人员可利用北斗定位系统确定事故发生地点，提前规划抢修路线、准备抢修物资和车辆，可节省现场初勘察和巡查时间约 4.5h，同时可同步开展抢修准备工作，缩短抢修时间约 2.5h。以平均负荷 5MW计，可多供电量 35MW/h，可减少经济损失约 1.3 万元。

5.4　促进清洁能源消纳

5.4.1　源网荷储协同互动

源网荷储协同互动建设方面，重点提升可调负荷管理能力，汇聚各类资源参与电力系统调节，促进各类主体参与市场交易，推动"源随荷动"向"源荷互动"转变，提升电网安全经济运行水平，存进清洁能源消纳。

国网河南电力开展了绿色调度应用，构建多维电力绿色调度体系，从源、网、荷、储四个方面协同法力，深化电力行业节能减排，助力能源转型，源网荷储绿色调度应用平台框架如图 5 - 11 所示，电源侧率先实现所有统调燃煤机组大气污染物排放数据全采集，准确识别机组排放状态，精准控制排放水平。电网侧基于平台推送的排放数据，调度 D5000 系统智能生成减排发电策略，有效支撑节能环保调度，实现减排全局最优。负荷侧通过 1.8 万家工业企业用电数据小时级监控，分析预警企业用电变化，实现高污染企业精准用电管控。储能侧通过新能源、储能、抽蓄运行数据全监视，自动生成储能、抽蓄调整策略，实现协同控制，促进清洁能源消纳。2017—2018 年，累计减少燃煤机组大气污染排放 7.4 万 t、煤炭消耗 115 万 t、重污染企业用能 59 亿 kWh，保障了清洁能源全额消纳。

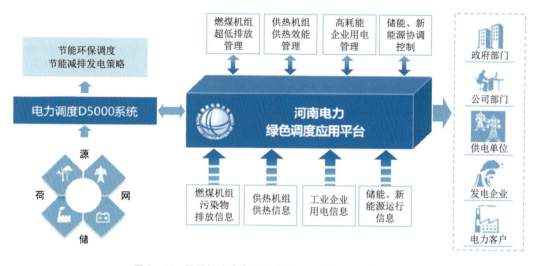

图 5-11　国网河南电力源网荷储绿色调度应用平台框架

此外，国网华北分部将电动汽车、分布式储能纳入电网优化调度和实时闭环控制，实现削峰填谷。京津唐电网获得了 30 万 kW 的可调节资源，提升了清洁能源消纳水平，实现了国网电动汽车有序充电、降低了用户成本、提高了电网安稳水平。预计"十四五"末，可减少电网设备 210 亿元、带动新型产业规模 180 亿元，带来巨大的经济效益和社会效益。

5.5 培育发展新型业务

5.5.1 国网公司基于区块链技术的电力市场交易平台

国网青海电力推出了基于区块链技术的电力市场交易平台，可实现多个交易主体间的智能合约、诚信交易、信息透明化等功能，在区块链中精确记录能量流、信息流、资金流，为多品种电力交易提供技术支持。

基于区块链技术的电力市场交易平台融合了区块链加密技术、智能合约和共识机制，将新能源受阻电力、电量与储能系统接收电力、电量通过信息技术采集的过程记录在区块链上，可视化、可追溯；优化了源储两端电力、电量、电价难以精准区分、匹配的难题，如图 5 - 12 所示。平台基于区块链底层实现具有配合能量调度、新能源电量交易统计等功能的系统，优化了新能源电厂和储能电站的快速撮合交易实施难度大的问题，保证了交易数据安全管理、共享和对等可信传输。通过区块链分布式存储、加密技术、共识算法，完成多主体间交易的智能研判、快速撮合，形成智能合约交易全过程数据的精准追溯、不可篡改，最终满足电力交易公平、公正、公开的要求。

图 5 - 12　区块链技术在电力市场
交易平台中的应用

国网青海电力基于区块链技术的电力市场交易平台自 2019 年 6 月推出，6—8 月间共享储能累计组织调峰交易 566 笔，调峰充电电量 470.64 万 kWh，累计放电电量 352.52 万 kWh，区块链交易存证数据上千万条。未来，国网青海电力将大力推动共享储能建设，通过"区块链＋共享储能"实现供需关联互动和"发—储—配—用"精准调配、安全校核和自主交易，推动清洁能源在全国范围内优化配置。

5.5.2　国网公司新能源云服务

国网电商公司建设了国网新能源云平台，整合了全产业链资源，提供规划设计、政策分析、消纳计算、设备采购、电站建设、并网报装、电费结算、监测运维、发电预测、金融交易等全流程一站式服务。国网新能源云服务架构如图 5 - 13 所示。截至 2019 年 9 月，已累计接入新能源用户 124 万户，装机容量达到 5685 万

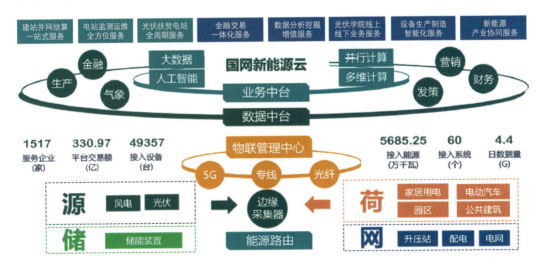

图 5 - 13　国网新能源云服务架构

kW，累计交易额 331 亿元，带动产业链上下游 3000 余家企业协同发展，直接或间接带动就业超过 100 万人。在服务国家精准脱贫攻坚方面，平台接入全国光伏扶贫电站 26.7 万座，装机容量达 1275 万 kW，覆盖全国 26 个省（自治区、直辖市）、889 个县，惠及 3.7 万个贫困村、232 万户贫困户。在服务新能源高质量发展方面，建设了"产学研用"多元联动的新能源服务生态圈，开展线上线下学习 1.75 万人次，实地培训发证 1506 人次，带动中小企业加盟区县级运营运维中心 132 家。

此外，国网青海电力、国网宁夏电力也建立了省级新能源云服务平台。以国网青海电力为例，在电源侧开发了集中监控、功率预测、设备健康管理等 16 类业务应用，促进发电企业运维模式向"无人值班、少人值守"转变，提升了电站运营效率和效益，运行人员成本节约 40%，运维人员工作量减少 15% 以上。电网侧开发资源评估、源网规划、网源协调、蓄热装置响应、共享储能等业务应用，为新能源资源开发利用、新能源电站选址规划等提供数据支撑和决策依据，同时为电网制定灵活调度计划、确保电网安全稳定运行提供技术支撑，促进新能源消纳。负荷侧开发生产线设备健康诊断及能耗监测 2 类业务，细化优质服务颗粒度，为负荷侧用户提供更精准的增值服务，推动传统产业数字化、网络化、智能化转型，实现工业互联网应用有效落地。

5.5.3 国网公司数据增值服务

1. 国网四川电力

国网四川电力发挥电力数据广泛感知社会、经济、民生优势，切入经济、城市、消费、环境、民生、信用六个领域，打造"1+5"服务体系，构建 27 个场景并应用，如图 5-14 所示。特别地，定期向政府和相关单位提供经济研判、环保治理、精准扶贫和社会信用四个方面数字化服务，与链家四川公司合作，推进空置房客户引流和数字金融服务。截至 2019 年 9 月，国网四川电力已与人民银行签订征信体系建设合作协议，向成都、达州等市政府推动经济、环保、扶贫数字化分析成果 10 期，将 30 类电力数据纳入地方政府市政 845 类数据共享责任清单，有效支撑了政府社会治理、服务了人民幸福美好生活，促进了公司"互联网"化运营，已产生直接经济效益 87.2 万元。

2. 国网河北电力

国网河北电力推出的"商圈人气指数 1 号"以泰和广场房地产项目为中心，综合考量商圈周边居民满意度、住宅空置情况、商户经营状态等指标，抽取近 20 个小区约 21.88 万条数据形成商圈人气指数评价模型，产品经过脱敏及安全测试，以真实可靠的用能数据分析为客户了解商圈经营状况、明确未来潜力认知提供客观参考，辅助客户制订推广销售策略，实现互利共赢。此外，国网河北电力推出的"电眼看经济"相关数据产品，也为政府制定区域经济科学发展决策提供有效数据支撑。借助数据产品咨询服务、数据增值产品销售等方式国网河北电力与十余家大中

经济

- ◆ 电力弹性系数分析场景
- ◆ 电力-经济景气指数
- ◆ 基于SARIMA模型的价格成本影响

城市

- ◆ VCUSA城乡配变容量分界规划分析
- ◆ 城市与产业变迁
- ◆ 城市节奏（起床、上班、工作、休闲、睡眠）

消费

- ◆ 电力-餐饮消费
- ◆ 电力-住宿消费
- ◆ 电力-文化消费
- ◆ 电力-出行消费
- ◆ 绿色用能综合评价指数ECI

环境

- ◆ 电力清洁度分析
- ◆ 电能替代成效及预测
- ◆ 电动汽车WTW能效分析及展望
- ◆ 污染企业减排成效挖掘
- ◆ AQI关键因子挖掘
- ◆ "电力绿币"生态模型分析及构建

民生

- ◆ 电力-教育指数
- ◆ 电力-医疗指数
- ◆ 电力-就业指数
- ◆ 电力-房产形式综合评估（空置、价格、选购和投资）
- ◆ 电力-精准扶贫

信用

- ◆ 基于电力信用的四维画像
- ◆ 电力医院
- ◆ 电力工厂
- ◆ 电力保险
- ◆ 信用生活

图 5-14　国网四川电力"1+5"服务体系、27 个应用场景

型企业达成合作意向，涉及资金 560 余万元，以数据产品为桥梁与上下游企业建立良好的经济生态圈。

5.5.4　国网公司电动汽车出行服务

国网电动汽车公司推出了 e 约车指挥出行服务平台，集出行服务、车辆管理、周边咨询于一体，通过聚合电动汽车产业上下游资源，以出行服务为场景切入，围绕电动汽车售、租、用、管、养，构建了泛在物联的智慧出行服务体系，为政企单位和个人用户提供绿色共享、智能高效的出行服务，如图 5-15 所示。截至 2019 年 9 月，e 约车平台注册用户数突破 23 万，服务出行 10 万人次、130 万 km、减少二氧化碳排放 245t，租赁车辆 5000 余辆，实现营收 4.57 亿元、利润 1 亿元，为推动公务用车变革和清洁能源替代做出有效贡献。

国网重庆电力推出了电动汽车公共出行平台"渝 e 行"及政府新能源车桩监测平台。截至 2019 年 9 月，"渝 e 行"已经入驻 12 家运营商，接入 1743 个分租点、8428 辆运营车辆、6150 个充电桩，提出了创新"1＋N＋M"模式，通过 1 个平台，整合 N 类运营商，带动 M 类配套产业，打破了运营壁垒，提供一次认证、一笔押金、一键租车、一览充电服务。政府新能源车桩监测平台接入电动汽车 38492 辆，充电桩 14693 个，具有车桩监测与分析、运行安全预警等 120 余项功能，已成为省级政府开展新能源车桩监管、补贴发放、政策制定的重要支撑工具。

政企出行社会化
平台涵盖网约、租赁、巴士、包车等出行服务全业态，聚合全国超过90%的运力资源，打破企业自有车辆与社会车调度壁垒，实现多平台同时呼叫，提升出行便捷度。

政企出行定制化
平台构建多维度出行场景库，实现千人千面的灵活配置，结合线下属地服务资源，定制出行服务方案，提升出行灵活度。

政企出行共享化
平台建设虚拟运营商盘活个人闲置车辆、建立驾驶员管理及奖励机制，设立共享租赁网点，推广电动汽车共享租赁。

政企出行精益化
通过AI算法，智能匹配出行需求，实现申请审批的一键触达、公车与私用的智能研判，全业务线上流转、全过程自动监控、全生命周期管理。

图 5－15　国网电动汽车公司 e 约车服务

5.5.5　国网公司线上产业链金融服务

国网公司推出了线上产业链金融服务，汇集电网承载的资金、资产、资信、客户、渠道、品牌等各类实体资源，聚合资金融通、保险保障、资产管理等各类金融服务，通过金融科技赋能，实现供需的精准对接和价值的高效转换，打造数字金融平台，推动金融业务改革创新，服务公司高质量发展，促进产业链上下游合作共赢，如图 5－16 所示。具体来说，在统筹优化整合、集成贯通和改造升级现有系统的基础上，打造金融超市，整合产业链商流、资金流、物流信息，为客户提供一站式在线金融服务。

线上产业链金融具体包括供应链金融、投标保证保险、电 e 贷等。供应链金融充分发挥了公司资信优势，通过平台整合供应链数据资源，以信托融资、资产证券化、保理等方式，为上游供应商在线提供应收账款融资服务，实现产品场景化嵌入、业务线上化办理、流程一站式贯通，促进产业链上下游合作共赢。投标保证保险基于招投标场景，通过平台将投标保证保险嵌入到保证金缴纳环节，实现投标和投保业务一体融合、一站通办，为实体企业减负。电 e 贷基于企业电费缴纳场景，通过平台将用电行为数据模型融入金融机构信用评价体系，为中小微企业在线提供"纯信用、全线上、低成本"贷款服务。

5.5.6　国网公司用电保险服务

2019 年 5 月，厦门供电公司联合英大泰和财产保险股份有限公司厦门分公司推出的用电安全保险，并正式面向全市用电客户发售。保险生效期间，若被保险人因

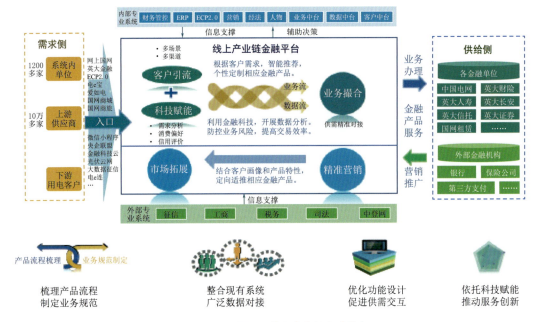

图 5-16   国网公司线上产业链金融服务

涉电意外事故造成人身伤害，将获得一定治疗费用。这一产融结合的保险产品，是福建省首款面向用电客户推出的专项保险服务。根据不同类型客户的潜在需求，此次推出的险种包括家庭家用电器用电安全险、用电人身意外险和用电企业受电设备财产综合险三种。

家庭家用电器用电安全险和用电人身意外险主要面向低压用电客户。家庭家用电器用电安全险适用于低压用电客户因使用过度、超电压、碰线、短路、断路、漏电、自身发热、烘烤等原因所造成的本身损毁的电器财产。用电人身意外险适用于低压用电客户在家庭用电过程中所有触电意外身故、残疾、烧烫伤等情况。

用电企业受电设备财产综合险是厦门供电公司助力优化营商环境的又一次创新尝试，一经推出就受到企业的广泛关注。按照资产分界点，企业受电设备的日常运维和故障抢修应由企业自行负责。但在实际用电过程中，一般企业较少有电力设备备品备件、复杂操作工器具的储备，也缺乏较高水平专业技术人员，往往会面临找谁抢修、去哪儿找、换还是修等问题，可能造成生产停滞、设备损坏甚至酿成生产经营事故。购买企业受电设备险后，内部设备一旦发生故障，企业就能够及时获得故障诊断评估、抢修复电方案、保险理赔等一条龙服务，用电抢修成本大大降低。

为客户提供电力保险增值服务，将实现电网企业、客户、产业单位三方共赢。对用电客户而言，能够实现用电风险均摊，减少涉电损失；对电网企业而言，通过有效丰富服务手段，优化客户体验，将提升企业"有温度"的形象；对保险公司而言，也有利于开拓新的业务市场。未来，福建电力厦门公司还将把对客户电器信息数据的搜集分析，应用于智慧用电方案平台，为客户智慧用能、智能家居供应商精准服务提供有效的数据支撑。

5.5.7 国网公司个人信用体系服务

2016 年，昆明供电局与中国人民银行签署合作协议，建立共享金融信用信息基础数据库。根据协议的规定，凡发生用电失信行为的企业和个人，供电局将向中国人民银行提供失信信息，成为企业和个人信用记录上的"不良记录"，该失信记录将作为失信惩戒的重要参考依据，会影响用户信用评级、办理贷款、政府采购、招标投标、商务合作、评先评优、个人出国、求职、职位升迁等方面活动。

根据 2014 年 6 月 14 日国务院颁布《社会诚信体系建设规划纲要（2014—2020年)》的规定，四川省电力公司已与中国人民银行征信中心签订《四川省用电客户窃电和违约用电信息纳入中国人民银行征信系统合作协议》，四川省用电客户窃电、违约用电及电费缴纳信息从 2017 年 1 月 1 日起正式纳入人民银行征信系统，并在个人或企业信用报告中显示。

为引导电力客户依法依规诚信用电，杜绝窃电、违约、拖欠电费等失信行为，2018 年 12 月 4 日，国网冀北电力有限公司唐山供电公司联合中国人民银行唐山市中心支行走进社区，共同举办电力征信知识宣传活动。据了解，无论是居民、还是企业工业电力用户，一旦有相应情况的窃电、违约、拖欠电费等失信用电行为，都将会被列入征信系统失信名单，将对生活或生产方面造成影响。

2019 年 7 月 10 日，龙岩市人民政府与国网福建省电力有限公司签署《共同推进电力物联网建设支撑龙岩市经济社会发展战略合作框架协议》。其中，将个人及企业拖欠电费、违约用电、窃电的频率、等级、次数、金额等信息纳入公用信息评价体系，进一步规范居民与企业的用电秩序，完善社会信用体系建设。

5.5.8 天津智慧路灯服务

智慧路灯集成了监控摄像头和语音广播功能，配合安装在杆体中部的水位监测装置，每当积水深度超过了设定值，监控摄像探测到有人进入区域，就会向后台发送告警，工作人员通过广播远程提醒行人注意安全。智慧路灯实现了监控摄像、水位传感、语音广播等城市感知设备智能联动，进而为群众提供更多的服务。

2019 年 6 月，国网天津电力积极应用电力物联网技术，与天津智慧城市建设相结合，率先开展了智慧路灯感知共享平台开发和试点应用，在中新天津生态城国网天津综合能源服务中心门前的两基智慧路灯登台亮相，实现了包括对市政井盖、垃圾桶溢满等状态和温湿度、PM2.5、风力风向等环境数据进行实时监测和感知，对安防、交通、市政等多种功能应用和拓展的 10 大类 17 项具体社会服务功能的拓展。智慧路灯为各类城市感知设备盖起"高层居住区"，实现了城市空间资源的纵向开发拓展。未来两年，国网天津电力将逐步对天津意大利风情区和交通枢纽区的10 余条道路的路灯杆进行升级改造，升级后的智慧路灯将结合地面投影、虚拟现实等前沿科技，对特定的时间和空间场所进行智慧路灯"个性化定制"建设，结合不同的场景实际搭配与之对应的服务功能，如在道路上匹配交通提示、治安监控、井盖监测等功能，在景区搭配便民充电、一键求助、人流量监测等功能，在园区匹配地图展示、车位监测等功能，实现路灯对社会、对百姓生活更加精准的感知和服务。

5.6　综合示范

5.6.1　雄安新区智慧能源管控系统

雄安新区智慧能源管控系统（简称 CIEMS）依托"大云物移智链"技术，将大数据、物联网、人工智能、边缘计算等技术与城市能源管理深度融合，实现了横向"水、电、气、热、冷"多能互补控制，纵向"源—网—荷—储—人"高效协同，打造了雄安新区城市信息模型唯一智慧能源模块，满足当地"数字城市"建设需求。

CIEMS 通过横、纵双向模式全方位监测，对能源生产侧及终端消费侧的实时运行状态了如指掌，根据电、冷、热、热水等负荷数据，建立多能源、多目标、多变量能源协调优化模型，以经济最优、绿色最优指导能源系统运行。此外，一旦能源系统出现故障，它不仅能辅助设备运维人员进行故障自动识别、故障原因分析、故障影响分析，自动给出故障处理建议，还能对人员、物资、车辆进行合理的资源调配，实现智能派单。

该系统最先应用于雄安新区市民服务中心，监控园区内 8000 多个点位，实时动态匹配能源生产与负荷需求，实现了多种能源梯级利用。自 2018 年上线以来，稳定运行近两年来，城市智慧能源管控系统利用智慧运维、多表集抄等手段降低园区运维成本 10% 左右；通过对园区冷、热产耗平衡的精准调控，为园区节约冷/热供给量超过 5%。截至 2020 年 4 月，CIEMS 已推广应用到雄安新区高质量示范区、雄县第三中学，并在正定塔元庄综合能源服务站、正定职教园区、保定万达广场等雄安新区外的多个应用场景开展了"全能源类型、全用能周期、全服务品种"综合能源服务。

5.6.2　天津电力综合能源服务中心

2019 年 5 月，国网天津电力综合能源服务中心建成启用，集调控、研究、数据、交付和展示五大功能于一体。综合能源服务中心位于天津中新生态城，建设了覆盖全市范围的智慧能源服务平台，其能源大数据中心已接入了国网客服北方园区、北辰商务中心等天津多个园区、企业、公建的能源数据源。此外，客户的综合能源业务将获得受理并自动生成方案，实现综合能源服务业务的一站式办理。

其中，北辰商务中心综合能源服务示范，利用商务中心屋顶、车棚，建设了总容量为 286.2kW 的光伏发电系统；利用湖岸建设了 7 台 5kW 风机风力发电系统；利用一套容量为 50Ah 的磷酸铁锂电池储能单元，打造风光储一体化系统；利用地源热泵机组打造联合供冷供热系统；建设电动汽车充电桩系统，并同步开展"津 e 行"电动汽车分时租赁业务。此外，在上述五大系统的基础上，搭建综合能源智慧管控平台，实现多种能源互联互补、协同调控、优化运行，保障商务中心能源绿色高效利用。

天津北辰商务中心综合能源服务示范具备三个特征：广泛感知、多能互补和智能控制。广泛感知方面，实现了对设备运行状态进行在线监测，全面感知能源系统运行状态，自动诊断设备健康状况。多能互补方面，实现了风、光、地热等新能源全面接入，清洁能源与电网、储能实现多能融合，提高能源利用清洁化水平。智能控制方面，实现了人机交互智能识别，建筑用能自动化控制，降低用能成本，实现建筑用能智慧管控。综合能源利用效率提升了 18%，年均节省用能成本 80 万元。

5.6.3　上海"智慧保电 2.0"

国网上海电力在上海西虹桥地区（含进口博览会核心区）试点应用移动互联、人工智能等现代信息技术和先进通信技术，实现电力系统各个环节万物互联、人机交互，打造状态全面感知、信息高效处理、应用便捷灵活的电力物联网，并助力进口博览会供电保障向"智慧保电 2.0"模式升级。

该试点通过区域电网内分布的数量庞大的低压智能感知传感器、光纤震动监测传感器、智能配变终端、设备状态监测终端和环境监测传感器等"神经末梢"，电网数据采集可以有效覆盖至各用电设备和终端，继而帮助保电指挥系统这个"神经中枢"即时掌握设备运行状况和用电情况，从而有效实现对电网运行状态的"全面感知"。例如，加装了共计 200 余只智能电缆井盖，可以实时采集井下环境信息，如氧气、一氧化碳、甲烷、硫化、液位、温湿度等，帮助运维人员实施掌控电缆通道的环境信息，一旦出现异常可提前进行预警。配备了 15 套智能巡检机器人，针对配电站房、开关室等室内场景的内部设备及其周边环境实现自主化无人巡检。这些智能机器人不仅能实现 24h 巡视，还可通过携带的传感器在一次巡检时间内完成图像识别、红外测温和局放检测三项内容，而以往人工巡视至少要进行三次，效率大幅提升。变电站、开关站核心节点实现光纤专网全覆盖，配电站、箱变、户外环网柜、杆变实现无线通信（4G、5G）全覆盖，国家会展中心内各配电站通过光纤覆盖，实现全方位视频监控和设备远程实时看护。

此外，针对示范区主要变电站以及国家会展中心，打造了具备全景式智慧保电功能的物联网示范区管控平台和大数据平台，赋予进博会保电智力最优的"能源大脑"。各类设备终端采集来的数据通过光纤专网、无线通信传输上述云平台，再经后台系统进行整合，利用多维统计分析、机器学习、多层神经网络深度学习等算法，建立基于数据驱动的状态评价模型、故障诊断和预测模型，实现设备状态异常的快速检测、设备故障的智能诊断、电网态势的智能感知。同时，海量的云端数据借助实时渲染技术，以可视化、场景化方式实时呈现，可供电网运维人员方便地进行个性化管理与使用。借助这样一套高度智能化的"全景保电"系统，国网上海电力不仅可以对进博会保电工作进行全方位的态势监控，还可以对电网设备、保电资源、状态监测、异常告警、指挥业务的实现"一张图"式的管理和调配。

在电力保障方面，上海进博会的举办对电力保障提出了更高的要求，在部分特殊的保电时段内，供电保障不仅要做到"零停电"，更要实现"零闪动"。为此，国网上海电力在国家会展中心场馆负荷满足"N−1"保障要求的基础上，在核心场馆增设超静音柴油发电机，并接入可快速切换开关的配电箱，在 0.5s 内就能完成电源快速切换。同时，核心场馆内所有负荷均串接 UPS 不间断电源，不仅可确保电源切换时零闪动，并可持续供电 60min，从而满足场馆供电"N−3"保障要求。

5.6.4 浙江乌镇电力物联网综合示范

浙江乌镇电力物联网综合示范以互联网之光展览馆为核心区域，覆盖周围 2.3km² 区域。围绕"数字能源 智慧乌镇"，构建数据融合、开放共享、柔性可控的园区能源互联网生态圈，将"能源大脑"融入"城市大脑"，综合示范典型项目包括全感知智能配电房、神经元智慧路灯等。

全感知智能配电房：按照配电房 1:1 建模打造的数字孪生配电房，则让运维人员准确掌握配电柜的历史运行情况和当前运行状态。全感知智能配电房的核心设备是边缘物联代理主机，支持接入各种不同终端、多业务终端，联通本地通信网络和远程通信网络，并在边缘进行数据存储与计算，实现资源调度，从而打破了不同设备、不同业务间的壁垒，实现数据共享，也提升了数据处理效率和安全性，为企业管理、安全生产、优质服务等工作高效开展提供了支撑。物联感知体系由 12 路摄像头以及安装在各个位置的传感器等 124 套智能感知元件构成，为配电房搭建了结构完整、感知灵敏、全息覆盖的"神经网络"，实现设备运行状态、环境信息的全维度实时监测。

神经元智慧路灯：兼具智慧照明、环境监测、智能监控、5G 基站、智能广播、信息公告、水位监测、一键报修等功能。所有数据都集中在我们的智慧路灯云管理平台，实现了业务融合、数据融合。一旦有异常情况或紧急情况发生，云平台会发出预警信息，而行人也可通过一键报修功能进行主动告知。362 套智慧路灯共同编织出一张大数据微网，为智慧城市赋能。

围绕互联网之光新展馆，建设完成了智慧楼宇、微网系统、展馆配电房全感知、智慧路灯、电动汽车充电无感支付等场景应用，以能源数据助推数字城市建设，数据服务民生，旨在建设'站—线—台—户'乌镇电力物联网一张网，拓展能源管理、能源金融、资源商业化营运三类业务，打造互联网小镇最佳供能模式。

5.6.5 江西鹰潭电力物联网综合示范

2019 年 5 月，国网江西电力选取国网鹰潭供电公司作为电力物联网建设鹰潭综合示范区，开展 HPLC 智能电表全覆盖适应性改造、基础数据平台优化提升、配电物联网全业务管控平台建设等工作。江西鹰潭电力物联网主要包括新型 HPLC 智能电表全覆盖、避雷器在线监测、地下电缆远程在线测温三个方面。

新型 HPLC 智能电表，智能模块功能更强大。传统电表每天采集一次电表底码、抄表计费，而新型 HPLC 智能电表能实现每 15min 采集一次用户的电流、电压、功率等用电参数传输到配电物联网全业务管控平台，为后期大数据分析和应用夯实基础，有力支撑客户报装、用电分析、故障抢修、增值服务等"电力生活"的方方面面。通过这款新型智能电表，普通市民用电用能可变"盲目"为"通透"，故障抢修可变"被动"为"主动"，进一步增强用户电力"获得感"。截至 2019 年 8 月，国网江西电力鹰潭供电公司已累计完成 999 个台区共 112577 户的智能电表改造。

鹰潭公司依托物联网技术平台，对 110kV 输电线路铁塔进行改造，在铁塔上安装避雷器在线监测装置，通过物联网技术对线路雷击受损情况进行在线监测。发生雷击的时候，装置能迅速把数据实时传送到手机 App 上，线路人员能够在第一时间掌握线路跳闸情况，快速查找故障，从而实现线路故障的快速定位和检修，保障供电线路的安全运行。目前该装置已经在负责对鹰厦电气化铁路供电的 110kV 龙铁线，以及负责对鹰潭 110kV 云梦山变电站供电的 110kV 月云线上成功安装应用。2019 年 7 月，鹰潭地区遭遇强暴雨，贵溪南部山区山体滑坡，余江马荃圩堤塌方决堤，给生产生活带来重大损失。然而，跨越山区、河流、铁路的鹰潭 110kV 及以上输电线路坚挺地经受住了暴雨雷击的袭击，主配网运行平稳。

鹰潭公司一方面通过 NB—IoT 智能测温装置对地埋电缆接头和电缆通道进行实时温度监测，预判电缆发热隐患，有效避免电缆密集区"火烧连营"等恶性事件。另一方面通过 NB—IoT 电缆通道卫士对电缆井、沟、管、桥架等电缆"必经之路"进行外部侵入监测，第一时间发现井盖开启、电缆沟入侵等异常事件，及时消除人员或车辆的误坠、电缆盗窃、施工破坏等安全隐患，保证人身、电网、设备的安全。如果电缆温度接近预警线，监测装置会迅速向手机端报警并提供具体位置的图片信息。截至目前，该体系已完成月湖区、信江新区范围内全覆盖，实施 2 年来，共发现电缆发热隐患 13 处，井盖异常开启 274 起，均已及时处理。

5.6.6 张家口"绿色冬奥"综合示范

虚拟电厂能实现客户闲散资源的分类聚合及优化分配，在保障城市能源安全的基础上打造能源价值共享新业态，为北京冬奥会提供了绿色发电的示范样本。

挥舞着"双臂"的人工智能配网带电作业机器人，采用世界领先的多传感器融合定位、智能路径规划等技术，替代传统人工带电作业，降低作业人员安全风险，减少客户停电时间，提升京津冀供电保障服务水平，确保北京冬奥会安全可靠供电。

智能巡检机器人应用于北京冬奥赛区主要线路保障，能实现变电站全天候、全方位、全自主智能巡检和监控，有效降低劳动强度和运维成本。

冬奥开闭站外电源线路安装一个"神奇"的智能电力井盖，当井盖被开启时，会通过智能井盖系统发出报警信息，告知运行人员及时处理，防止井盖丢失造成的人身伤害和电网的潜在风险，保证冬奥组委外电源线路安全可靠。借助智能变电站—智能井盖—智能开闭站—智能配电室—末端低压智能开关＋分布式储能的全方位智能化供电保障，将进一步确保冬奥组委重要负荷供电安全可靠。

5.6.7　上海国际进口博览会综合示范

进口博览会周边电网智能感知装置已无处不在，电力物联网建设甚至延伸至客户内部。巡检机器人 24h 不间断巡检变电站内开关柜各项状态指标；变电站辅控系统不仅可以精确获取每名站内人员的位置，还能对全站实施温度、湿度、火险、技防监测；国家会展中心所有变配电站均安装了智能摄像头、智能监测终端、智能锁具等，可以帮助场馆运维人员完成对设备的远程监控和远程安防。

针对保电期间重要输电通道的安全问题，可视化监拍装置能够自动甄别吊车、推土机、挖掘机等外力破坏隐患并及时发出预警。

分布式光纤振动监测装置实时记录电缆的振动情况，并根据振动波形快速判断故障或隐患位置。

智能井盖实时监测电缆井内的环境数据，在有效保障电缆通道安全的同时，还能为抢修人员井下作业提供参考。

海量的物联网数据在分发、共享和分析利用中进一步产生效益。对保电核心区内主要电站、线路、保电对象、保电资源等关键信息和数据的采集全面覆盖，并且以可视化的方式呈现给保电指挥系统，实现电网设备状态"全景看"。

物联网管控平台和大数据平台，可利用多维统计分析、机器学习、多层神经网络深度学习等算法，建立基于数据驱动的状态评价模型、故障诊断和预测模型，实现对电网态势"全息判"。

电力物联网建设推动了电网底层数据贯通，为保电工作"一图式"管理打下基础。通过故障点精准定位、停电影响范围自动分析、重过载客户负荷分析等一系列应用拓展，电网故障处置可以精准化地实现"全程控"。

结　束　语

　　能源革命与数字革命的融合是第四次工业革命的发展趋势和特征。电力物联网通过应用现代信息技术，助力电力系统和电网企业的转型发展，在提高电网柔性和弹性、适应可再生化的大规模开发利用和新型用户的多元需求，激发电网企业发展活力、提高运营效率方面必将发挥重要作用。

　　本书介绍了电力物联网的内涵、架构、关键支撑技术、主要技术解决方案和典型案例，内容覆盖面宽广，对读者深刻理解泛在电力物联网理念，充分了解泛在电力物联网进展情况，有很大的帮助。电力物联网是发展愿景，其研究和建设是一个长期过程，在持续的研究和实践过程中，其内涵和外延会不断丰富；电力物联网是系统工程，电力物联网的支撑技术云大物移智链等也在快速发展中，电力物联网涉及的商业模式创新也才刚刚开始，更多的技术和成果将不断涌现。鉴于此，本书作为电力物联网培训教材，内容仍然是粗浅的，仅仅是适应这一发展时期需求的入门书。

　　进入 2020 年，我国政府开始着手对"新基建"进行深入部署，"新基建"成为最炙手可热的概念。新基建是指以 5G、物联网、工业互联网、卫星互联网为代表的通信网络基础设计，以人工智能、云计算、区块链等为代表的新技术基础设施，以数据中心、智能计算中心为代表的算力基础设施等，用以支撑传统基础设施转型升级。电力物联网和新基建倡导的发展理念一致，我们坚信在新的国家战略推动下，电力物联网将得快速发展，有着强劲的生命力，也必将有更好的未来。